NussKnacker 4

Mein Mathematikbuch

Herausgeber
Frank Lippmann, Auerbach/Vogtl.

Autoren
Frank Lippmann, Auerbach/Vogtl.
Katja Poser-Kempe, Chemnitz

Mitautoren
Anja Bever, Köln
Kathrin Diestel, Überlingen
Karl Landherr, Thannhausen
Uwe Neißl, Kraichtal
Mirco Redlich, Schiffdorf

Berater
Frithjof Andersen, Leipzig
Silke Kriebel, Thiendorf
Anja Zscheile, Dresden

Ernst Klett Verlag
Stuttgart · Leipzig

Inhalt

■ Zahlen und Operationen ● Größen und Messen ◆ Daten, Häufigkeit und Wahrscheinlichkeit
▲ Raum und Form ▼ Muster und Strukturen

Zum Bild Rechengeschichten erzählen. Dabei die 5 Nussknacker-Kinder (Paula, Emma, Fatima, Max und Anton) thematisieren. Dargestellte Aufgaben mündlich oder schriftlich lösen.
Jedes Kind bearbeitet auf Seite 4 und 5 gemäß dem individuellen Lernstand ausgewählte Aufgaben.

AH 2 112–130

Die einzelnen Bildsituationen thematisieren zurückliegende Lerninhalte und geben zugleich einen Ausblick auf Lerninhalte des vierten Schuljahres. Die Lehrkraft gewinnt einen Einblick in die individuellen Lernvoraussetzungen.

1 Addiere. Kontrolliere deine Ergebnisse mit der Quersumme.

Q

a)		b)		c)		d)		e)	
125 + 3	11	143 + 20	10	221 + 36	14	483 + 9	15	41 + 320	10
281 + 7	18	458 + 40	21	835 + 57	19	560 + 32	16	53 + 807	14
642 + 8	11	816 + 50	20	352 + 28	11	146 + 19	12	8 + 666	17
309 + 6	9	904 + 80	21	719 + 64	18	918 + 40	22	60 + 724	19

2 Rechenkonferenz

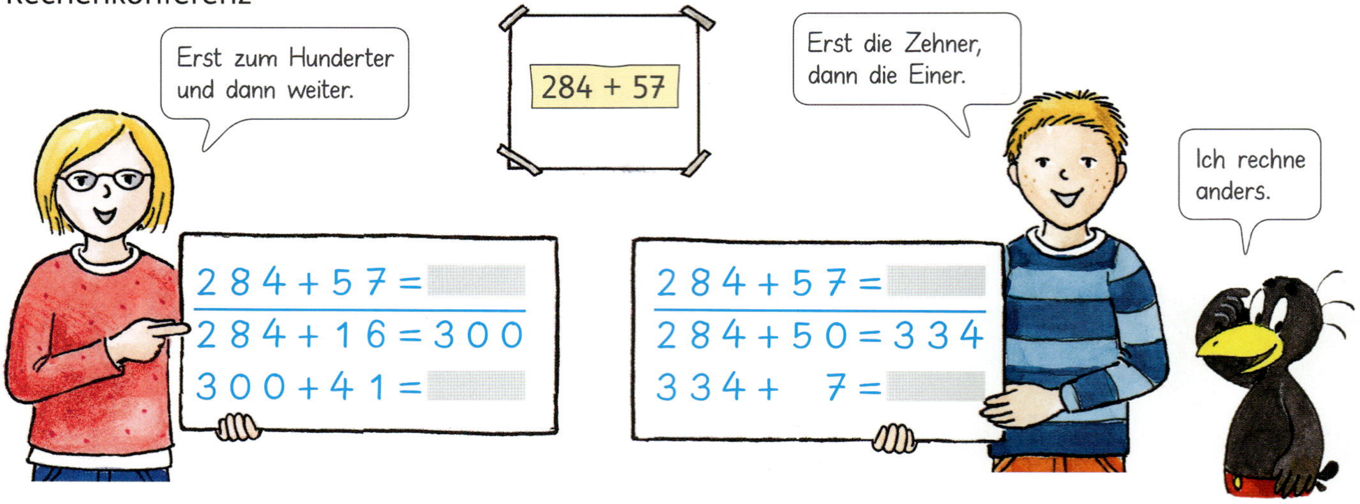

Wie rechnest du? Schreibe deinen Rechenweg auf.

397 + 8 | 564 + 80 | 280 + 90 | 620 + 150 | 470 + 360

3

Q

a)		b)		c)		d)		e)	
197 + 16	6	184 + 51	10	655 + 82	17	350 + 140	13	270 + 150	6
290 + 34	9	499 + 30	16	797 + 4	9	620 + 270	17	540 + 90	9
596 + 8	10	691 + 90	16	243 + 90	9	430 + 50	12	390 + 340	10
392 + 27	14	893 + 9	11	774 + 75	21	160 + 690	13	880 + 30	10

4

a) 299 + 16, 289 + 26, 279 + 36, 269 + 46

b) 190 + 30, 280 + 35, 370 + 40, 460 + 45

c) 789 + 20, 678 + 30, 567 + 40, 456 + 50

d) 315 + 95, 318 + 59, 321 + 85, 324 + 58

e) 222 + 80

f) 101 + 11

5 Schreibe untereinander und rechne schriftlich.

Q

```
  4 3 8
+ 2 4 7
    1
-------
      5
```

a)		b)		c)	
438 + 247	19	265 + 469	14	145 + 418 + 293	19
572 + 326	25	686 + 234	11	538 + 66 + 308	12
712 + 185	24	898 + 83	18	267 + 152 + 441	14
334 + 408	13	97 + 527	12	99 + 684 + 77	14
689 + 213	11	149 + 398	16	464 + 237 + 25	15

Die Quersumme errechnet sich aus der Summe der Ziffern einer Zahl. Beispiel: Zahl 295 Rechnung: 2 + 9 + 5 = 16 Q: 16

AH 3 KV 1 243–245, 249–250, 253–256

1 Subtrahiere. Kontrolliere mit der Quersumme.

a)		b)		c)		d)		e)	
137 − 6	5	168 − 30	12	435 − 21	9	273 − 29	10	369 − 15	12
258 − 9	15	396 − 50	13	788 − 63	14	585 − 70	11	840 − 2	19
521 − 5	12	943 − 20	14	341 − 39	5	121 − 6	7	975 − 38	19
409 − 4	9	687 − 80	13	852 − 17	16	680 − 43	16	487 − 50	14

2 Rechenkonferenz

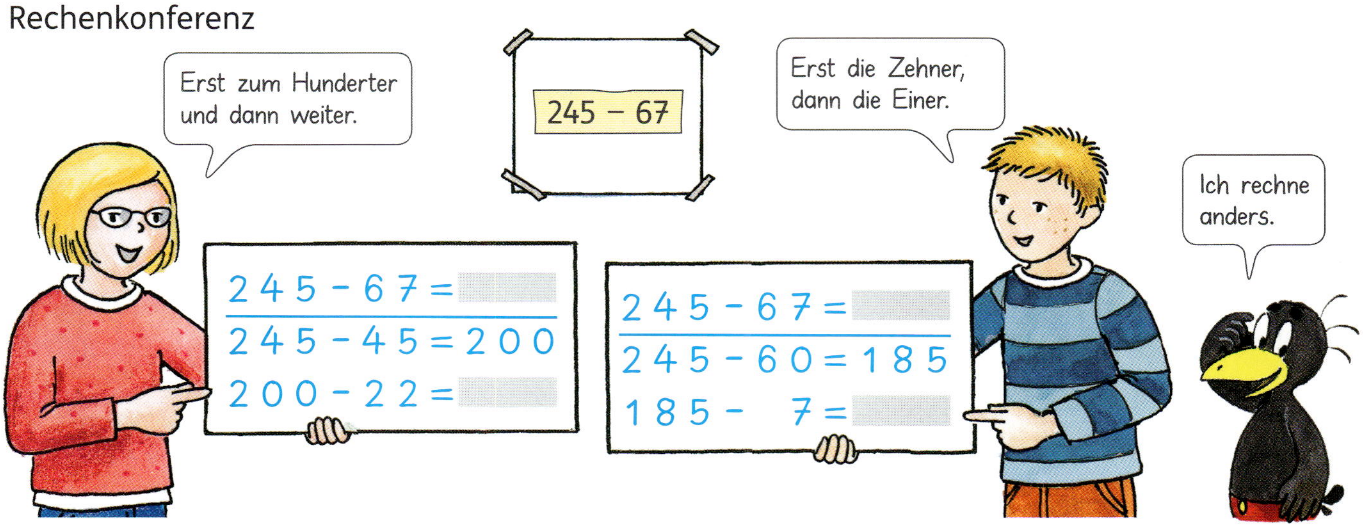

Wie rechnest du? Schreibe deinen Rechenweg auf.

204 − 8 | 413 − 60 | 330 − 70 | 690 − 420 | 510 − 240

3

a)		b)		c)		d)		e)	
107 − 8	18	226 − 44	11	129 − 42	15	580 − 60	7	310 − 80	5
402 − 14	19	640 − 68	14	801 − 10	17	760 − 150	7	250 − 180	7
515 − 22	16	932 − 33	26	312 − 18	15	670 − 220	9	820 − 590	5
343 − 50	14	711 − 15	21	946 − 47	26	440 − 110	6	130 − 70	6

4

a)
205 − 8
215 − 18
225 − 28
235 − 38

b)
120 − 50
230 − 55
340 − 60
450 − 65

c)
321 − 32
432 − 43
543 − 54
654 − 65

d)
845 − 92
842 − 29
839 − 82
836 − 28

e) 222 − 88

f) 505 − 55

5 Schreibe untereinander und rechne schriftlich.

```
  468
- 251
-----
    7
```

a)		b)		c)	
468 − 251	10	863 − 469	16	523 − 175	15
679 − 327	10	271 − 147	7	804 − 307	20
753 − 415	14	995 − 609	17	631 − 98	11
382 − 108	13	784 − 544	6	952 − 773	17
547 − 239	11	419 − 256	10	380 − 284	15

1

a) 4 · 10
16 · 10
57 · 10
98 · 10

b) 3 · 20
5 · 30
2 · 60
8 · 40

c) 4 · 50
9 · 80
7 · 70
8 · 90

d) 70 · 2
80 · 5
90 · 6
20 · 9

e) 40 · 8
60 · 4
30 · 7
90 · 9

2 Rechenkonferenz

Wie rechnest du? Schreibe deinen Rechenweg auf.

5 · 13 | 3 · 29 | 8 · 95 | 16 · 4 | 79 · 5

3 Ⓠ

a) 4 · 12 12
3 · 18 9
5 · 17 13
7 · 14 17

b) 2 · 26 7
8 · 31 14
6 · 38 12
9 · 29 9

c) 5 · 42 3
7 · 56 14
4 · 74 17
8 · 91 17

d) 25 · 3 12
19 · 6 6
27 · 9 9
33 · 5 12

e) 78 · 2 12
82 · 8 17
96 · 4 15
59 · 9 9

4

a)

30	2	120
40	4	160
60	6	240
80	8	320

9

☐ · ☐ = ☐

b)

2	12	40
3	20	48
4	24	60
6	36	72

7

☐ · ☐ = ☐

5

a) Addiere zum 8-Fachen von 70 das 3-Fache von 60.

b) Addiere zum 6-Fachen von 15 das 4-Fache von 90.

c) Addiere zum 5-Fachen von 68 das Doppelte von 87.

d) Subtrahiere vom 5-Fachen von 80 das 6-Fache von 20.

e) Subtrahiere vom 7-Fachen von 40 das 3-Fache von 32.

f) Subtrahiere vom 9-Fachen von 55 das Doppelte von 99.

AH 5 KV 2 207–208

1

a) 80 : 10
130 : 10
270 : 10
950 : 10

b) 90 : 3
160 : 4
480 : 6
350 : 5

c) 140 : 7
630 : 9
560 : 8
300 : 6

d) 180 : 20
250 : 50
540 : 60
90 : 90

e) 400 : 80
280 : 40
420 : 70
360 : 90

2 Rechenkonferenz

Wie rechnest du? Schreibe deinen Rechenweg auf. Rechne auch die Probe.

64 : 2 | 96 : 4 | 224 : 7 | 297 : 9 | 185 : 5

3 Q

a) 57 : 3 10
84 : 3 10
58 : 2 11
72 : 2 9

b) 104 : 4 8
115 : 5 5
112 : 4 10
102 : 3 7

c) 138 : 6 5
154 : 7 4
168 : 6 10
189 : 7 9

d) 264 : 8 6
207 : 9 5
279 : 9 4
275 : 5 10

e) 156 : 3 7
222 : 6 10
196 : 4 13
102 : 2 6

4 Schreibe Aufgabenfamilien.

240
3 80

3 · 80 =
80 · 3 =
: 80 =
: 3 =

a) 240 / 3 80

b) 350 / 7 50

c) 360 / 90 4

d) 5 21

e) 114 / 2

f) 210 / 6

5 Dividiere mit Rest.

27 : 2 = R
20 : 2 =
7 : 2 = R

a) 27 : 2
51 : 2
89 : 2
63 : 2
95 : 2

b) 74 : 3
91 : 3
58 : 4
67 : 4
82 : 4

c) 99 : 5
87 : 6
94 : 8
90 : 7
98 : 9

d) 127 : 9
127 : 8
127 : 7
127 : 6
127 : 5

Rechenmauern

1

a)
[ ]
120 | [ ]
50 | 70 | 90

b)
[ ]
[ ] | [ ]
30 | 160 | 30

c)
[ ]
[ ] | [ ]
120 | 130 | 140

d)
[ ]
[ ] | [ ]
190 | 170 | 150

e)
230
140 | [ ]
80 | [ ] | [ ]

f)
390
180 | [ ]
110 | [ ] | [ ]

g)
740
[ ] | 340
[ ] | [ ] | 290

h)
960
[ ] | 450
[ ] | [ ] | 370

2

a)
[ ]
[ ] | [ ]
[ ] | [ ] | [ ]
40 | 90 | 60 | 70

b)
[ ]
[ ] | [ ]
[ ] | [ ] | [ ]
80 | 120 | 170 | 50

c)
[ ]
[ ] | [ ]
[ ] | [ ] | [ ]
130 | 40 | 180 | 60

d)
750
300 | [ ]
[ ] | 225 | [ ]
25 | [ ] | 175 | [ ]

e)
740
[ ] | 405
[ ] | 130 | [ ]
[ ] | 45 | [ ] | 190

f)
965
440 | [ ]
[ ] | [ ] | 250
[ ] | 60 | [ ] | 35

3 Löse durch Probieren. Verwende nur Zehnerzahlen. Es gibt jeweils mehrere Lösungen.

a)
500
[ ] | [ ]
[ ] | 90 | [ ]

b)
600
[ ] | [ ]
[ ] | 110 | [ ]

c)
700
[ ] | [ ]
[ ] | 130 | [ ]

d)
800
[ ] | [ ]
[ ] | 150 | [ ]
110 | [ ] | [ ] | 240

e)
900
[ ] | [ ]
[ ] | 170 | [ ]
120 | [ ] | [ ] | 270

f)
1000
[ ] | [ ]
[ ] | 190 | [ ]
130 | [ ] | [ ] | 300

4 Setze zu Rechenmauern zusammen.

a) 65, 105, 160, 75, 275, 115, 40, 220, 495, 85

b) 125, 315, 680, 165, 215, 140, 90, 150, 25, 365

1–4 KV nutzen.

1

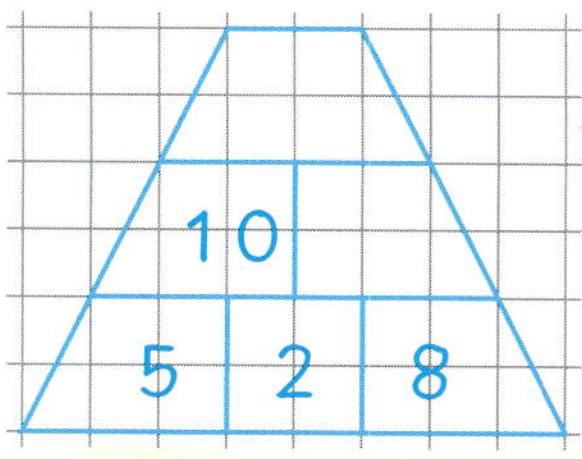

2

a) 270 / 9 _ / _ 3 _

b) 320 / _ 80 / _ 2 _

c) 540 / 6 _ / 3 _ _

d) 490 / _ 7 / _ _ 1

e) 165 / _ 5 / _ 1 _

f) 128 / 4 _ / _ _ 8

g) 432 / 6 _ / _ 3 _

h) 216 / _ 9 / 8 _ _

3 Wie viele verschiedene Lösungen findest du? Probiere.

a) 360 / _ _ / _ 1 _ ; 360 / _ _ / _ 2 _ ; 360 / _ _ / _ 3 _ ; 360 / _ _ / _ _ _

b) 144 / _ _ / _ 1 _ ; 144 / _ _ / _ 2 _ ; 144 / _ _ / _ 3 _ ; 144 / _ _ / _ _ _

Schriftlich multiplizieren bis 1 000

1

a)		b)		c)		d)		e)	
234 · 2	18	258 · 3	18	475 · 2	14	307 · 2	11	118 · 9	9
321 · 3	18	128 · 4	8	257 · 3	15	260 · 3	15	213 · 6	18
443 · 2	22	417 · 2	15	188 · 4	14	140 · 6	12	384 · 4	15
123 · 3	18	184 · 5	11	329 · 2	19	108 · 8	18	158 · 7	8

2 Finde Rechenfehler und korrigiere sie.

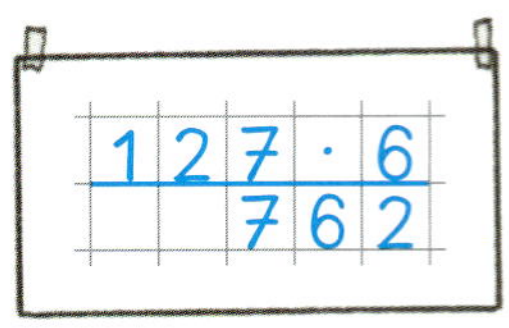

a) 127 · 6 = 662

b) 104 · 8 = 802

c) 187 · 4 = 748

d) 277 · 3 = 811

e) 166 · 6 = 996

f) 142 · 7 = 994

g) 154 · 7 = 978

h) 284 · 5 = 1400

i) 573 · 3 = 1 719

3

a) 4 1 □ · 2 = □ 2 8

b) 2 2 □ · 4 = 9 □ 8

c) □ 2 7 · □ = 6 3 5

d) 1 3 3 · □ = □ 3 1

e) 2 □ 6 · 3 = 8 5 □

f) □ 3 9 · □ = 8 □ 4

4 Frage, löse und antworte.

Zur Eröffnung des neuen Kindertheaters wurde an 5 Tagen nacheinander das Märchen „Die Eiskönigin" aufgeführt.

a) Von Freitag bis Sonntag waren bei jeder Vorstellung alle 185 Plätze besetzt.

b) Bei den Vorstellungen am Montag und Dienstag blieben einmal 12 Plätze und einmal 9 Plätze frei.

1 Q

a)		b)		c)		d)	
66 + 4 · 5	14	150 − 5 · 2	5	235 + 35 : 7	6	167 − 54 : 6	14
73 + 9 · 10	10	470 − 9 · 6	11	948 + 72 : 9	20	504 − 25 : 5	22
14 + 6 · 30	14	780 − 3 · 15	15	460 + 240 : 4	7	826 − 400 : 8	20
99 + 1 · 88	16	320 − 4 · 11	15	690 + 160 : 8	8	200 − 210 : 7	8

2 Wie rechnest du? Erkläre deinem Partner 4 Aufgaben.

a)	b)	c)	d)
124 + 5 · 12	810 : 90 − 7	299 + 60 : 10	700 : 10 − 69
640 − 60 : 3	700 + 20 · 8	301 − 300 · 0	505 − 640 : 8
50 · 9 − 140	920 − 4 · 20	420 : 70 + 35	800 · 1 − 250
838 + 30 : 5	3 · 300 + 33	10 · 50 + 390	234 + 90 : 30

3 Beachte die Farben und schreibe passende Aufgaben. Rechne.

a) 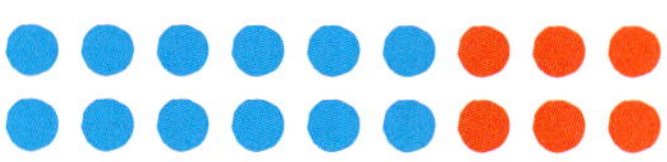

2 · 6 + 2 · 3 =
12 + 6 =

b) 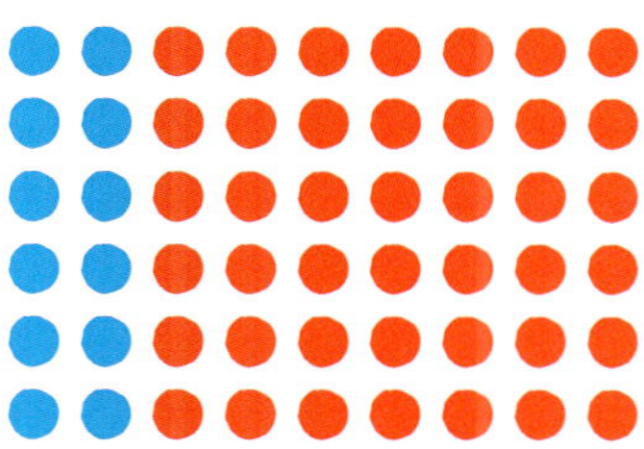

c) 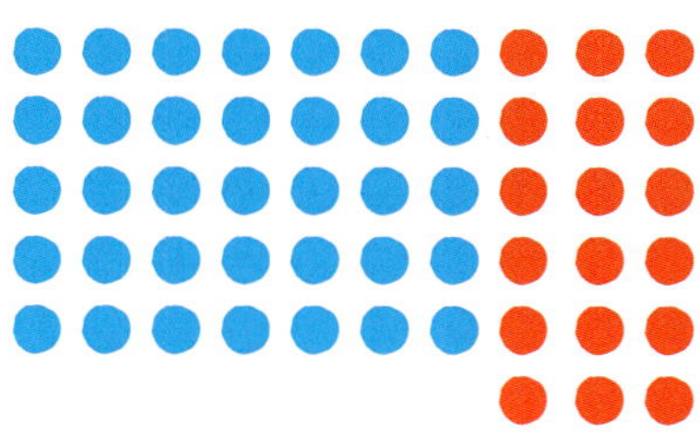

d) 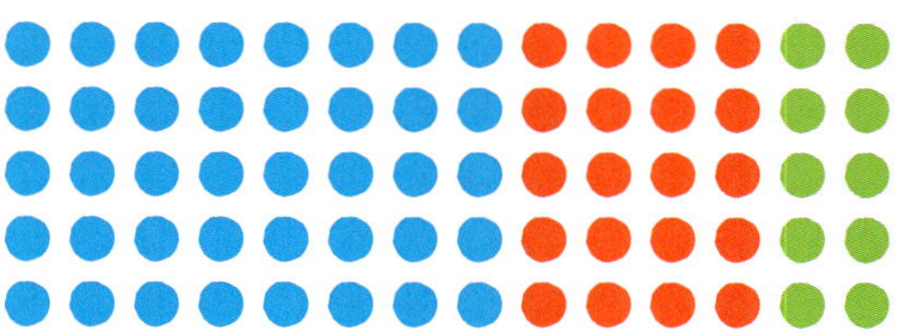

e) 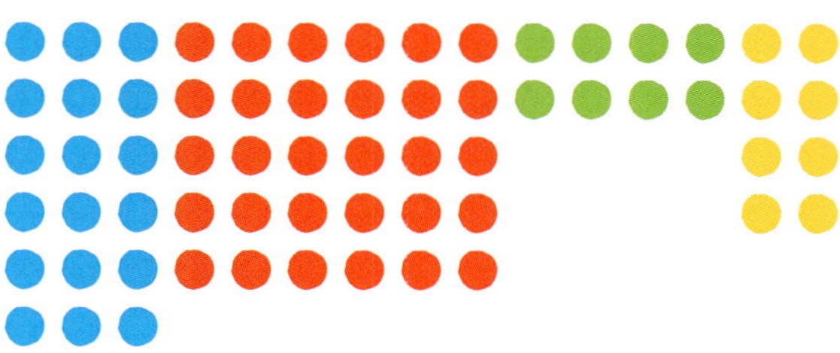

4

a) 4 · 9 + 3 · 8
6 · 5 + 1 · 3
2 · 8 − 0 · 4
9 · 7 − 7 · 9

b) 3 · 20 + 10 · 8 + 2 · 70
9 · 80 − 40 · 7 − 6 · 50
2 · 25 + 60 · 4 − 3 · 33
7 · 12 − 90 · 0 + 5 · 44

c) 360 : 9 + 490 : 70
120 : 6 + 200 : 40
240 : 8 − 150 : 50
800 : 2 − 630 : 90

1

LÖSUNGSSCHRITTE FÜR SACHAUFGABEN

F — 1. FRAGE!
Was ist gefragt?

- Lies alles genau durch.
- Überlege, was gefragt ist. Manchmal steht die Frage im Text, manchmal musst du sie formulieren.

L — 2. LÖSE!
Wie kannst du die Aufgabe lösen?

- Suche einen Lösungsweg. Manchmal hilft dir eine Skizze oder Tabelle.
- Löse mit deinem Lösungsweg. Notiere übersichtlich.

A — 3. ANTWORTE!
Wie heißt die Antwort?

- Kontrolliere, ob dein Ergebnis stimmen kann.
- Schreibe einen Antwortsatz zur Frage.

Burj Khalifa – das höchste Gebäude der Welt

Dubai: Seit seiner Fertigstellung im Jahr 2010 ist der Burj Khalifa in Dubai mit 828 m das höchste Gebäude der Welt. Damit löste er den 2004 eingeweihten Taipeh 101 (101 Stockwerke) ab, der mit 508 m deutlich niedriger ist. Insgesamt hat der Burj Khalifa 189 Stockwerke. Im 148. Stock befindet sich 272 m unterhalb der Spitze eine Aussichtsterrasse. Eine weitere Aussichtsterrasse liegt auf 452 m im 124. Stock. 54 Fahrstühle fahren mit durchschnittlich 9 Metern pro Sekunde durch die bis zu 500 m langen Schächte. Als Vorbild für den Y-förmigen Grundriss des Gebäudes soll eine in Dubai wachsende Wüstenblume gedient haben.

2 a) Welche Fragen bearbeiten die Kinder gerade? Übertrage in dein Heft und ergänze fehlende Lösungsschritte.

Felix:

$$\begin{array}{r} 828\,m \\ -\,508\,m \\ \hline \end{array}$$

Mia:

Zeit	Höhe
1 s	9 m
2 s	18 m

Clara:

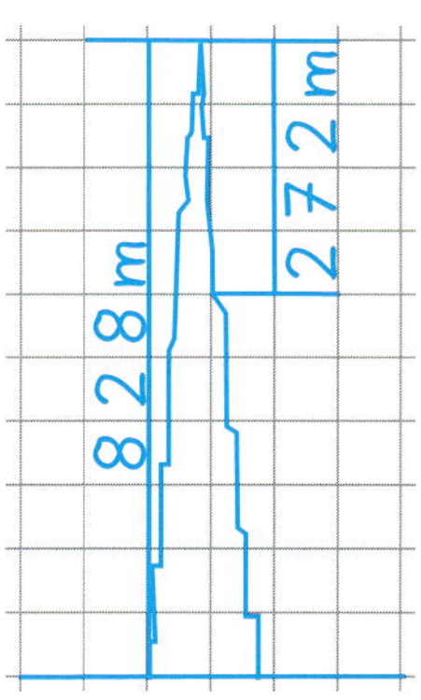

b) Bearbeite auch die anderen Fragen. Welche kannst du nicht beantworten?

1. Wie viele Meter ist der Burj Khalifa höher als der Taipeh 101?
2. Wie viele Stockwerke hat der Burj Khalifa mehr als der Taipeh 101?
3. Auf welcher Höhe ist die obere Aussichtsterrasse?
4. Wie viele Stockwerke liegen zwischen den Aussichtsterrassen?
5. Wie schnell fahren die Aufzüge im Taipeh 101?
6. Wie lange braucht ein Fahrstuhl im Burj Khalifa ungefähr für 500 m?
7. Finde eine eigene Frage.

3

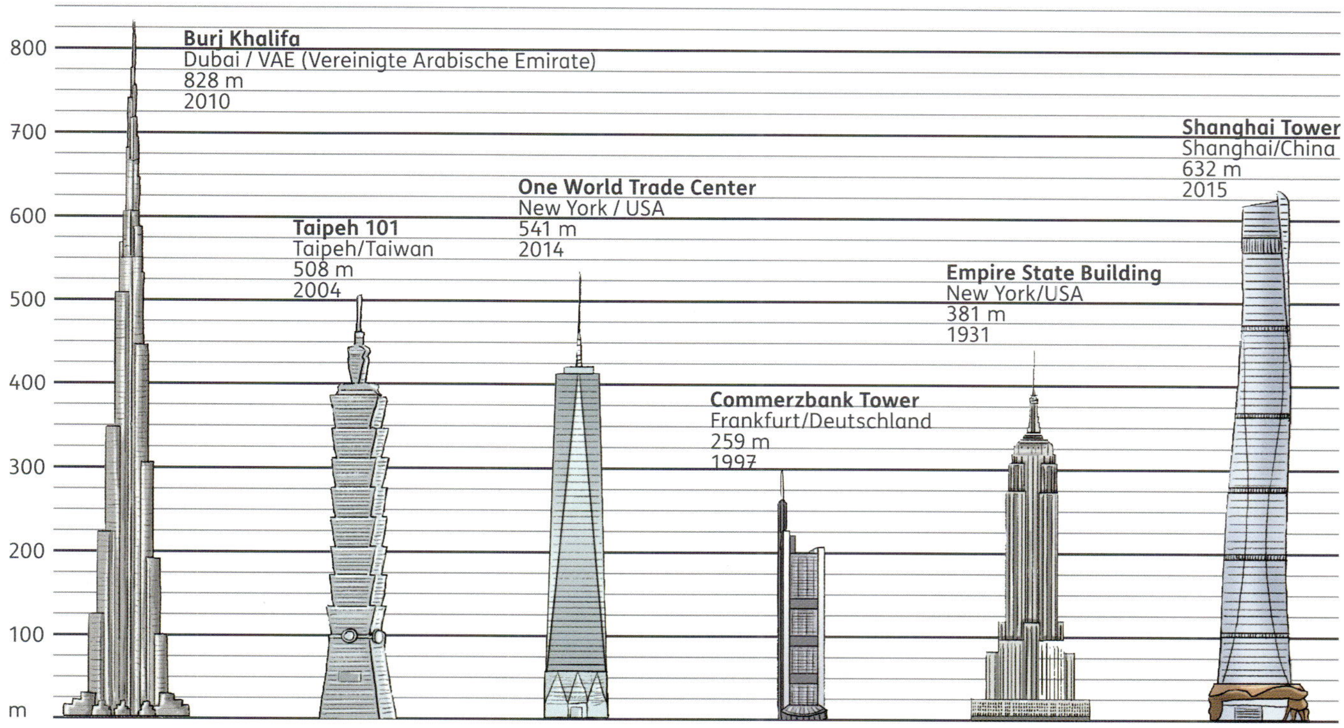

a) Was kannst du aus dem Schaubild ablesen?

b) Sammle die Informationen zu den Wolkenkratzern in einer Tabelle. Ordne dabei nach der Größe.

Name	Ort	Land	Höhe	Eröffnung
Burj Khalifa	Dubai	VAE	828 m	2010

4

Die Kinder bearbeiten Sachaufgaben zu den Wolkenkratzern.

a) Wie könnte jeweils die Frage heißen?

Felix:

828 m
− 259 m
___ m

Janosch:

541 m
+ ___ m
632 m

Clara:

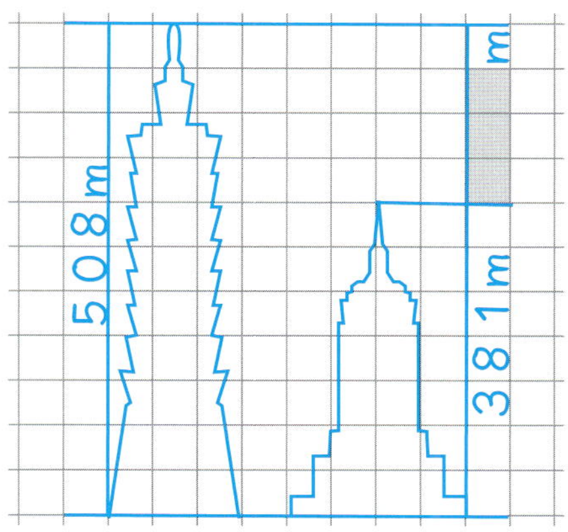

Mia:

1931 —— + ___ ——→ 2010

b) Übertrage 2 Aufgaben in dein Heft und ergänze die fehlenden Lösungsschritte.

c) Vergleiche noch andere Wolkenkratzer und hohe Gebäude deiner Umgebung.

Zahlen bis 10 000

1

a) Schätzt. Wie viele Besucher könnten es sein?
b) Erklärt, wie ihr beim Schätzen vorgegangen seid.
c) Wie viele sind es tatsächlich? Wie könnt ihr das herausfinden?

2 Wo begegnen dir große Zahlen im Alltag? Sammle aus Zeitungen und Zeitschriften Ausschnitte mit großen Mengen oder Zahlen. Du kannst auch im Internet suchen.

1

Zehntausender	Tausender	Hunderter	Zehner	Einer
10 000	1000	100	10	1
1 ZT = ▒ T	1 T = ▒ H	1 H = ▒ Z	1 Z = ▒ E	1 E

2 Welche Zahlen sind dargestellt? Trage sie in eine Stellenwerttafel ein und schreibe sie auf.

T	H	Z	E	Zahl
2	1	5	4	2 1 5 4

a)

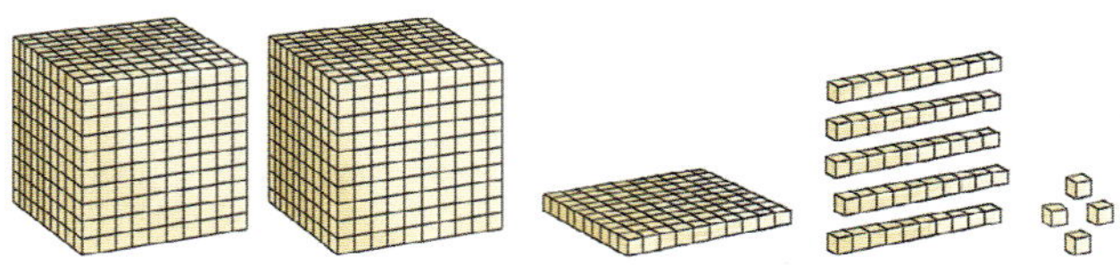

b)

c)

d)

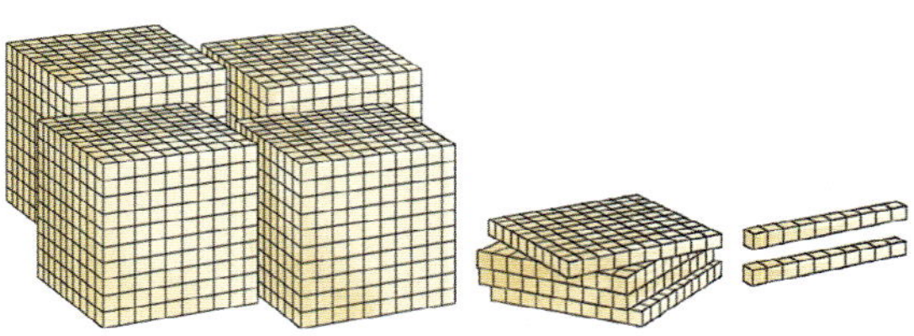

e)

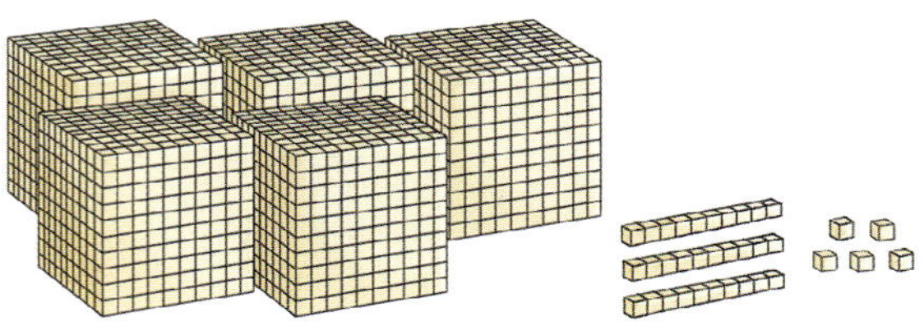

3 Wie heißen die Zahlen? Zerlege sie. 8123 = 8000 + 100 + ▒ + ▒

a)

T	H	Z	E
8	1	2	3

T	H	Z	E
9	6	5	4

T	H	Z	E
3	0	5	0

T	H	Z	E
7	9	8	2

b)

E	H	Z	T
4	2	3	5

T	Z	H	E
1	6	4	8

E	Z	T	H
6	0	8	3

E	H	Z	T	ZT
1	0	0	0	1

1 Mit Millimeterpapier kann man große Zahlen darstellen.

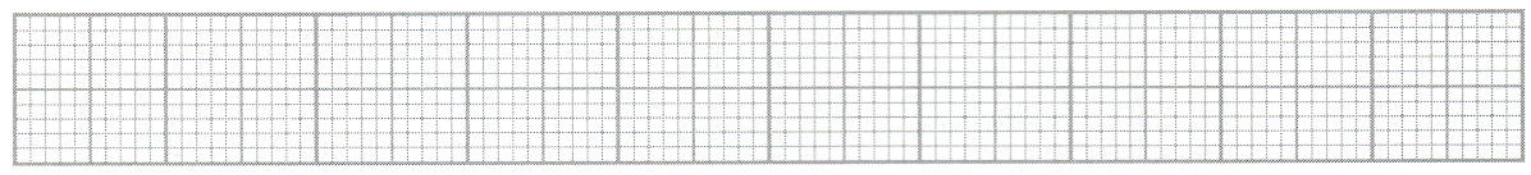

A

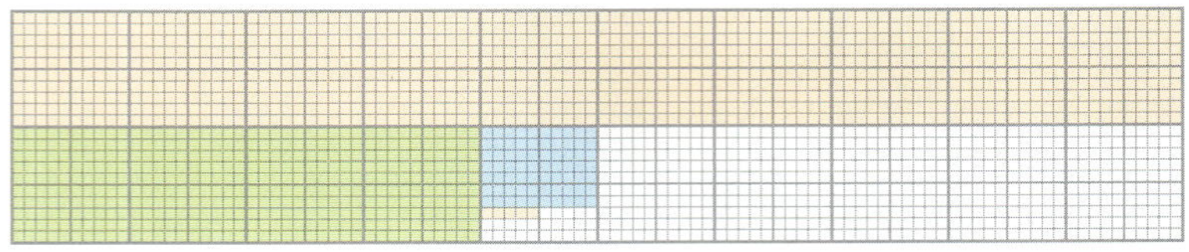

B

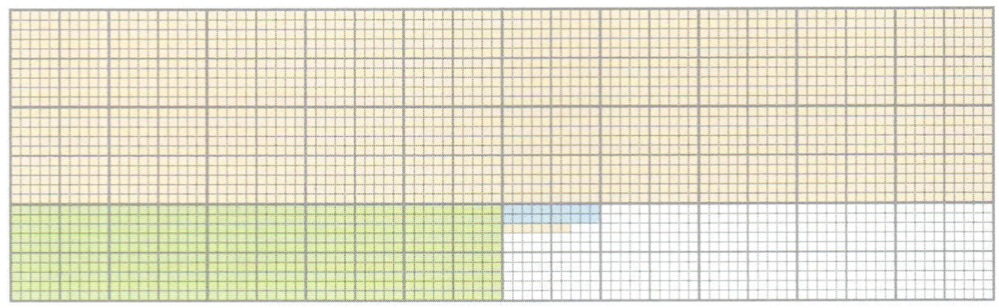

C

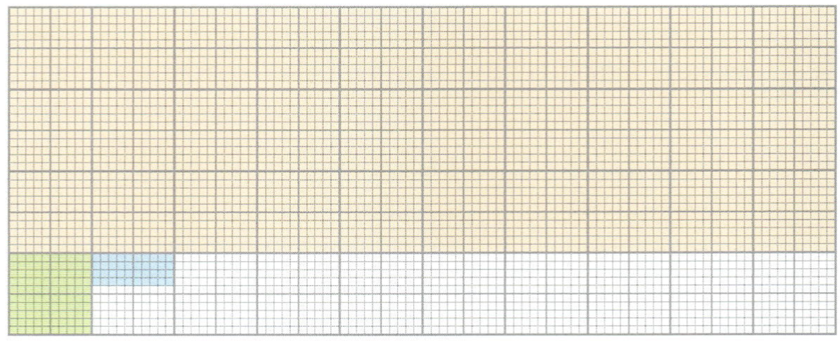

Wie viele Millimeterquadrate sind jeweils gefärbt?
Notiere als Steckbrief.

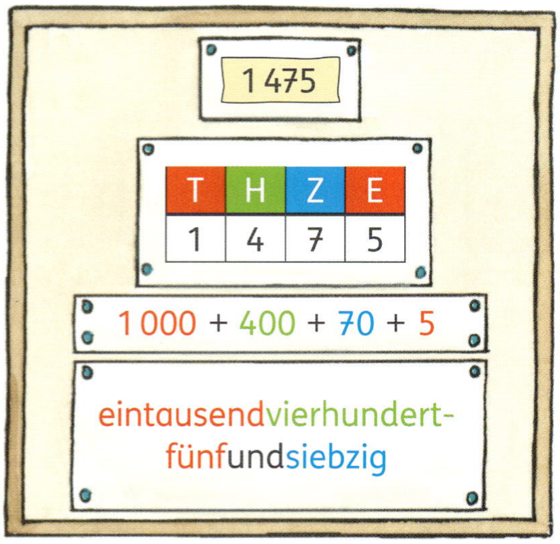

So sprechen Kinder in anderen Sprachen die Zahl 1 475:

one thousand four hundred and seventy-five

mille quatre cent soixante-quinze

bir bin dört yüz yetmiş beş

одна тысяча четыреста семьдесят пять

2 Zeige deinem Partner auf Millimeterpapier:

a) 2 000, 5 000, 9 000
b) 3 500, 6 500, 8 500
c) 3 450, 5 560, 8 480
d) 2 135, 6 587, 7 269
e) 8 772, 7 887, 10 001
f) Zeige noch andere Zahlen.

1 KV nutzen.

1 Die Kinder wollen 10 000 unterschiedlich darstellen.

Wie stellt ihr 10 000 dar?

2 Schreibe Steckbriefe.

3 214

T	H	Z	E
3	2	1	4

3 000 + 200 + 10 + 4

dreitausend-zweihundert-vierzehn

4 167 | 1 290

2 935 | 2 850

5 289 | 6 060

8 471 | 7 004

9 999 | 3 907

3 Lies deinem Partner vor. Er schreibt mit Ziffern auf.

a) viertausendneunhundert

b) achttausenddreihundert-sechsundzwanzig

c) sechstausendzweihundertfünf

d) dreitausendvierzig

e) neuntausendsiebenundvierzig

4 Es wurden 3 Steckbriefe zerschnitten. Erstellt diese 3 Steckbriefe. Ergänzt die fehlenden Angaben.

3 419

9 835

9 000 + 800 + 30 + 5

T	H	Z	E
1	7	0	2

1 702

eintausend-siebenhundert-zwei

3 000 + 400 + 10 + 9

T	H	Z	E
3	4	1	9

neuntausend-achthundert-fünfunddreißig

2 und **4** KV nutzen.

Zahlenstrahl bis 10 000

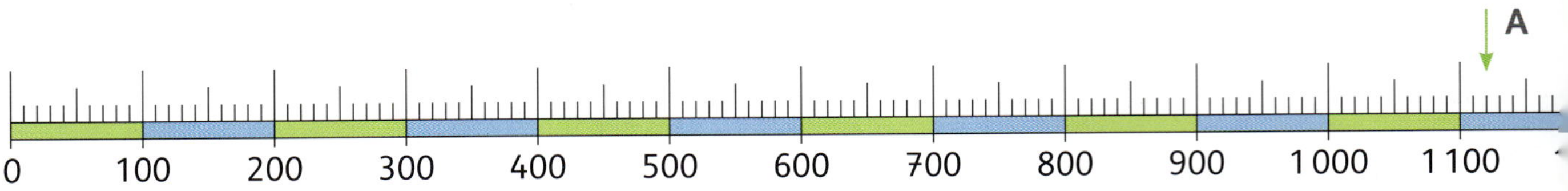

1 a) In welchen Schritten sind die Zahlen am Zahlenstrahl dargestellt?

b) Zeige deinem Partner am Zahlenstrahl:
- alle Tausenderzahlen,
- alle Hunderterzahlen größer als 8 800,
- die Mitte zwischen 2 benachbarten Tausenderzahlen.

c) Wie heißen die Zahlen an den grünen Pfeilen?

2 Zähle vorwärts und rückwärts:

a) in Zehnerschritten von 980 bis 1 070, von 4 320 bis 4 230.

b) in Hunderterschritten von 5 210 bis 6 110, von 7 460 bis 6 860.

c) in Tausenderschritten von 2 990 bis 9 990, von 8 570 bis 570.

d) in anderen Schritten.

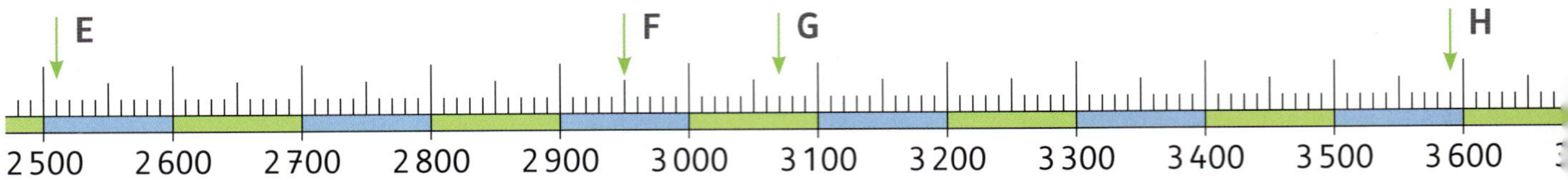

3 Setze <, > oder = ein.

a) 6 220 ◯ 6 240
1 000 ◯ 1 100

1 100 ◯ 1 110
2 850 ◯ 2 580

4 970 ◯ 4 960
5 380 ◯ 5 830

b) 4 625 ◯ 6 430
7 089 ◯ 7 890

9 965 ◯ 1 965
8 502 ◯ 8 505

3 251 ◯ 3 125
6 314 ◯ 6 431

4 Ordne die Zahlen nach der Größe. Beginne mit

a) der kleinsten Zahl,

6 250 | 6 240 | 6 560 | 6 350 | 5 960

b) der größten Zahl.

9 312 | 9 521 | 9 770 | 9 756 | 8 213

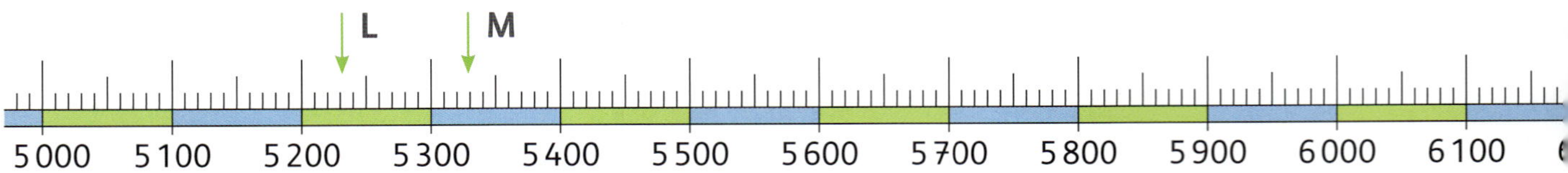

5 Gib Vorgänger (V) und Nachfolger (N) an.

V	↓	N
3 135	3 136	3 137
	4 172	
	5 283	
	6 864	
	8 888	

V	↓	N
	2 458	
	5 394	
	7 497	
	9 230	
	6 086	

V	↓	N
1 354		
		4 751
6 879		
		8 860
9 999		

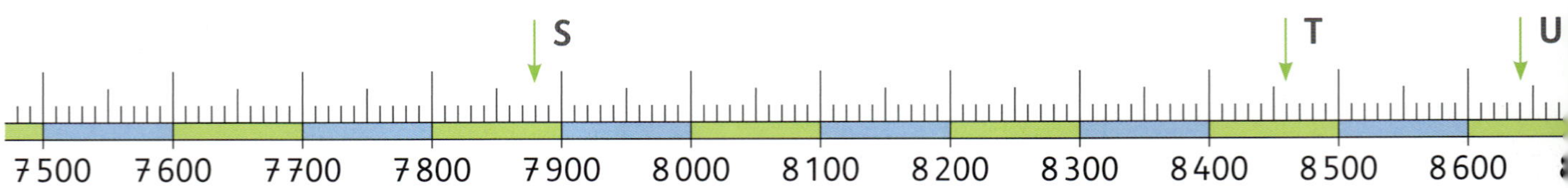

 KV nutzen.

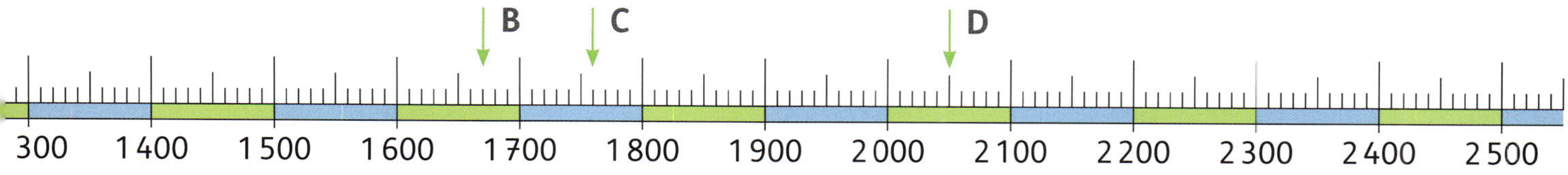

6 Gib die Nachbarzehner (NZ), Nachbarhunderter (NH) und Nachbartausender (NT) an. Welcher liegt jeweils am nächsten? Unterstreiche.

NZ	↓	NZ
8 740	8 741	8 750
	2 273	
	4 444	
	7 650	
	9 835	

NH	↓	NH
4 500	4 572	4 600
	8 017	
	1 999	
	3 101	
	5 000	

NT	↓	NT
2 000	2 657	3 000
	3 278	
	5 469	
	8 745	
	9 002	

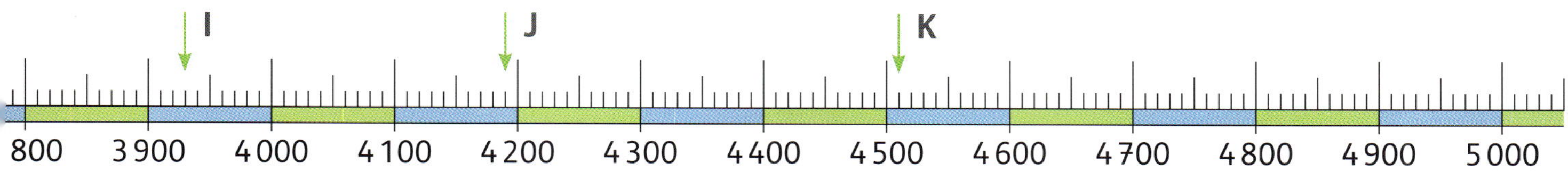

7 Suche passende Zahlen. Vervollständige die Tabellen.

NZ	↓	NZ
3 720		
		4 650
6 990		
		9 410
8 030		

NH	↓	NH
2 400		
		6 100
7 500		
		2 000
3 900		

NT	↓	NT
4 000		
		3 000
5 000		
		7 000
0		

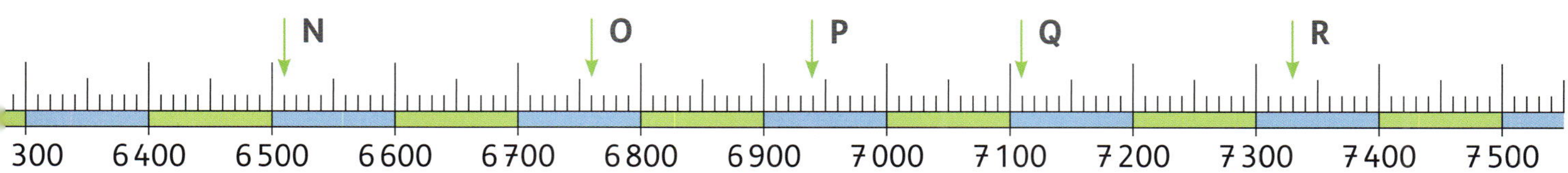

8 Löse die Zahlenrätsel.

a) Meine Zahl liegt genau in der Mitte zwischen 3 000 und 4 000.

b) Meine Zahl liegt zwischen 7 418 und 7 436. Der Einer ist um 1 größer als das Doppelte von 3.

c) Meine Zahlen liegen zwischen 5 910 und 5 960. Zehner und Einer sind zusammen 10.

d) Bei meinen vierstelligen Zahlen ist der Einer halb so groß wie der Hunderter. Zehner und Tausender sind größer als 8.

e) Erfinde eigene Zahlenrätsel.

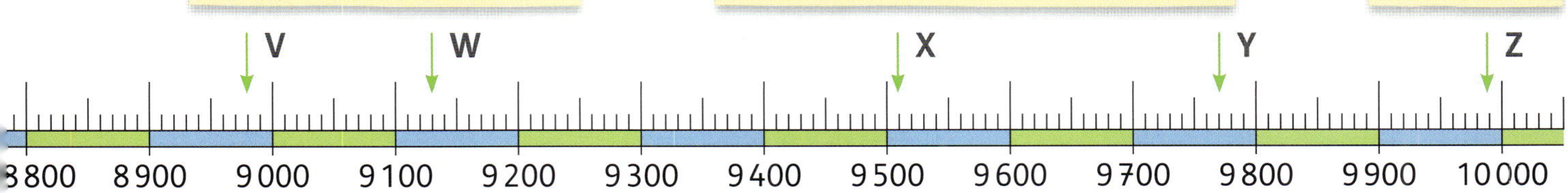

KV nutzen.

Runden

1

Runden auf Zehner:

2 364 ≈ 2 360
1 361 ≈
7 493 ≈

8 278 ≈ 8 280
9 525 ≈
3 857 ≈

Runden auf Hunderter:

8 248 ≈ 8 200
5 619 ≈
4 930 ≈

2 364 ≈ 2 400
2 453 ≈
6 192 ≈

2

a) Runde auf Zehner.

3562 ≈ 3560

3 562	3 569
3 575	3 581
6 359	2 096
8 703	9 000

b) Runde auf Hunderter.

3562 ≈ 3600

3 562	3 569
4 820	7 115
2 987	5 658
1 700	9 040

c) Runde auf Tausender.

3562 ≈ 4000

3 562	3 569
2 814	6 011
4 298	7 606
5 009	8 910

3

Gerundet auf Zehner: 6 370

Zahlen
6 371
6 372
⋮
6 369
6 368

Gerundet auf Zehner: 9 810

Gerundet auf Hunderter: 2 400

Gerundet auf Hunderter: 7 100

Gerundet auf Tausender: 3 000

Gerundet auf Tausender: 9 000

AH 16

1 Bis vor 500 Jahren wurden in Europa hauptsächlich römische Zahlzeichen verwendet. Sie sind noch heute auf Uhren und Gebäuden zu sehen.

Welche Zahlzeichen findest du? Was bedeuten sie?

M	D	C	L	X	V	I
1 000	500	100	50	10	5	1

Beim Schreiben wird mit dem größten Wert begonnen, dann kommen der Reihe nach die kleineren.
Die Summe der Zeichen ergibt die Zahl.
XVI = 10 + 5 + 1
MCCLXXIII = 1 000 + 100 + 100 + 50 + 10 + 10 + 1 + 1 + 1

2 a) Wie heißen die Zahlen?

XVIII XXII CLXX MMCLVIII
LXXI CXV CCLVII MDLX

b) Schreibe mit römischen Zahlzeichen.

33 61 262 733
812 1 113 527 1 506

3

I. Die Zeichen I, X und C dürfen in einer Zahl höchstens dreimal hintereinander vorkommen.
CCCXXXIII = 300 + 30 + 3

II. Die Zeichen V, L und D dürfen nur einmal vorkommen.
DLV = 500 + 50 + 5 DV = 500 + 5

III. Stehen die Zeichen I, X, C links von einem Zeichen mit größerem Wert, dann werden sie subtrahiert.
XC = 100 − 10 LIX = 50 + 10 − 1

a) Schreibe die Zahlen von 1 bis 25 mit römischen Zahlzeichen.

b) Schreibe auch:

34 43 96 109
1 900 914 190 542
69 3 429 eigene Zahlen

c) Finde heraus, wie viel der Gastwirt von den einzelnen Waren bestellt hat.

1

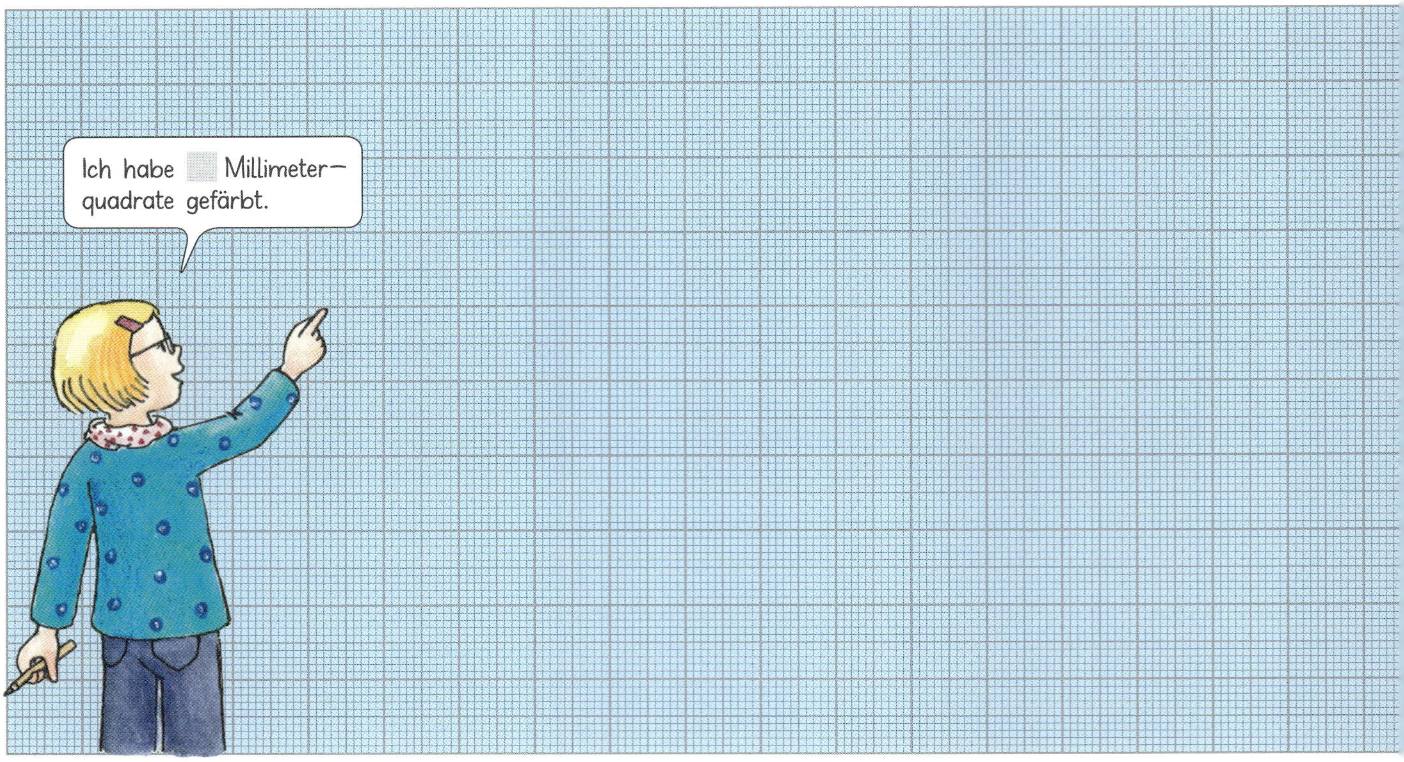

Hunderttausender	Zehntausender	Tausender	Hunderter	Zehner	Einer
100 000	10 000	1 000	100	10	1
1 HT = □ ZT	1 ZT = □ T	1 T = □ H	1 H = □ Z	1 Z = □ E	1 E

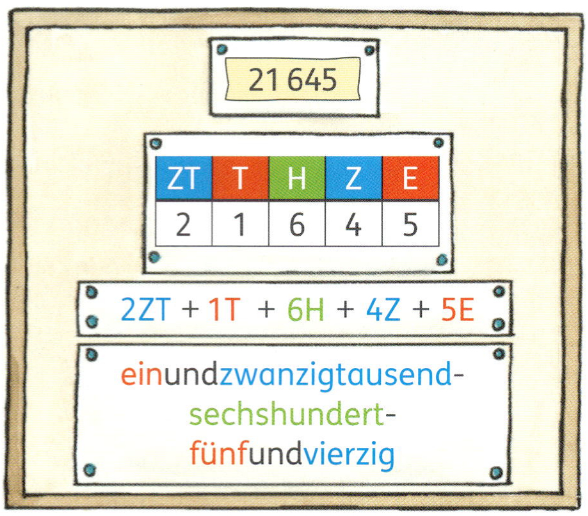

So sprechen Kinder in anderen Sprachen die Zahl 21 645:

twenty one thousand-
six hundred forty five

vingt et un mille six cent
quarante-cinq

yirmi bir bin alti yüz kirk bes

двадцать одна тысяча шестьсот
сорок пять

2 Zeige deinem Partner auf Millimeterpapier:

a) 12 000, 38 000, 55 000 b) 16 500, 27 600, 71 900 c) 14 850, 56 230, 81 760

d) 41 513, 67 297, 85 689 e) 35 408, 50 065, 78 050 f) Zeige noch andere Zahlen.

1–2 KV nutzen.

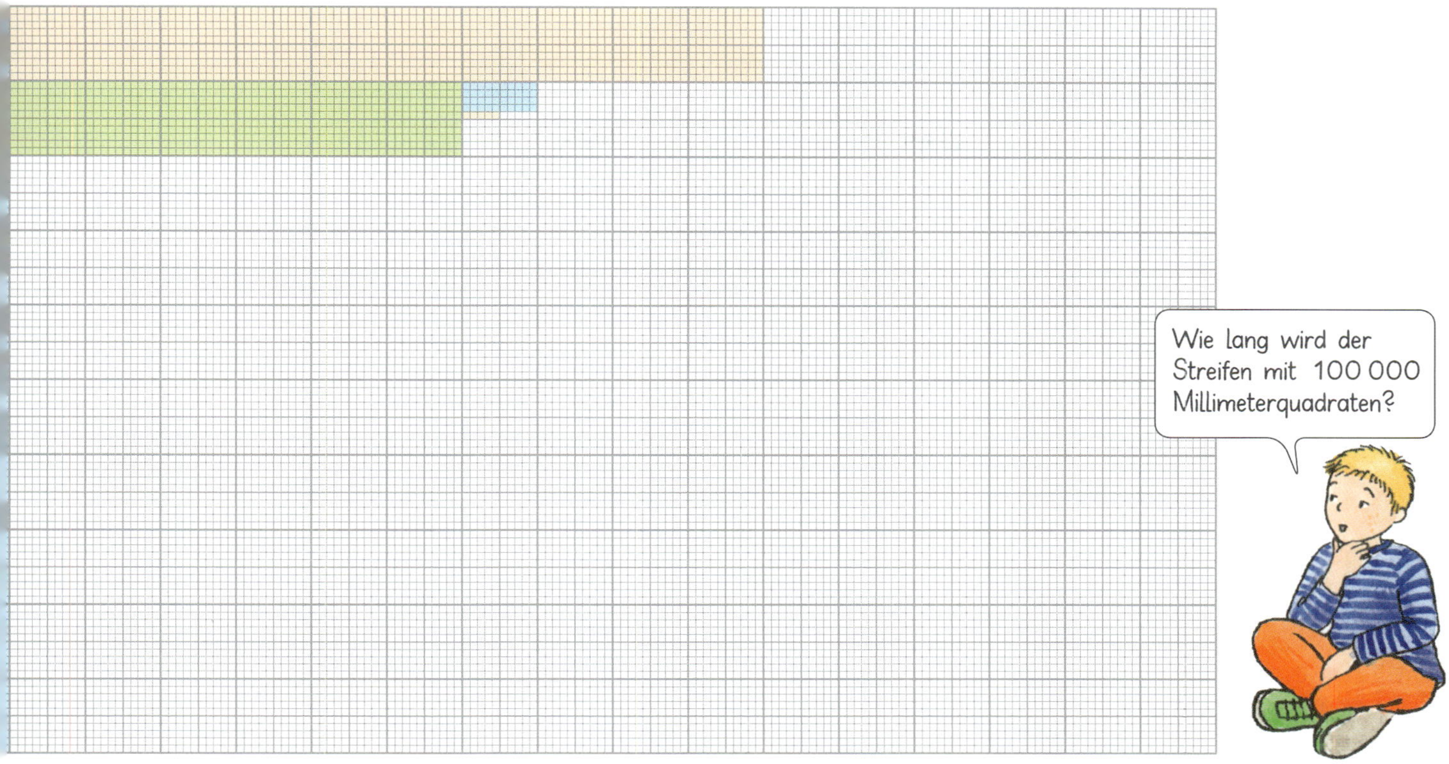

3 Die Kinder der Klasse 4 wollen herausfinden, wie viel 100 000 sind.

4 Wie heißen die Zahlen? Zerlege sie. 12647 = 10000 + 2000 + ▢

a)

ZT	T	H	Z	E
1	2	6	4	7

ZT	T	H	Z	E
1	5	7	2	3

ZT	T	H	Z	E
3	1	8	2	9

ZT	T	H	Z	E
4	8	0	9	5

b)

H	ZT	T	E	Z
8	9	6	3	1

H	T	E	Z	ZT
5	0	4	6	7

c)

H	Z	ZT
8	7	9

H	ZT
4	9

5 Lies deinem Partner vor. Er schreibt mit Ziffern auf.

- vierzehntausendfünfhundert
- achtundzwanzigtausendneunhundertdrei
- neunundneunzigtausendzweihundertsiebenundfünfzig
- siebzigtausendfünfzig
- dreiundfünfzigtausendvierhundert
- zweiunddreißigtausenddreiundzwanzig
- ▢

Zahlenstrahl bis 100 000

1

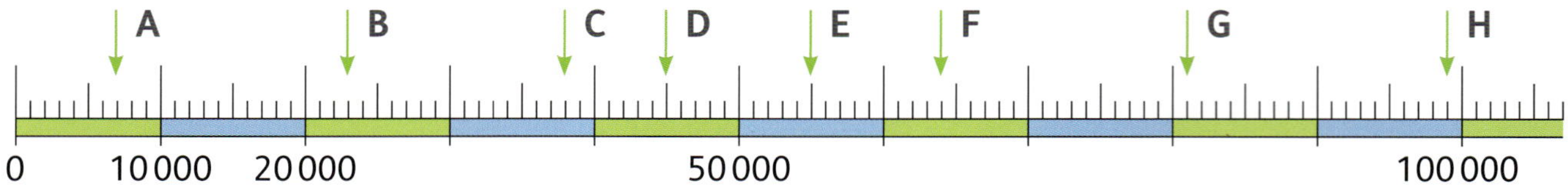

a) In welchen Schritten sind die Zahlen am Zahlenstrahl dargestellt?

b) Zeige deinem Partner am Zahlenstrahl:
- alle Zehntausenderzahlen,
- alle Tausenderzahlen von 20 000 bis 30 000, von 80 000 bis 90 000,
- weitere Zahlen.

c) Wie heißen die Zahlen an den grünen Pfeilen?

2

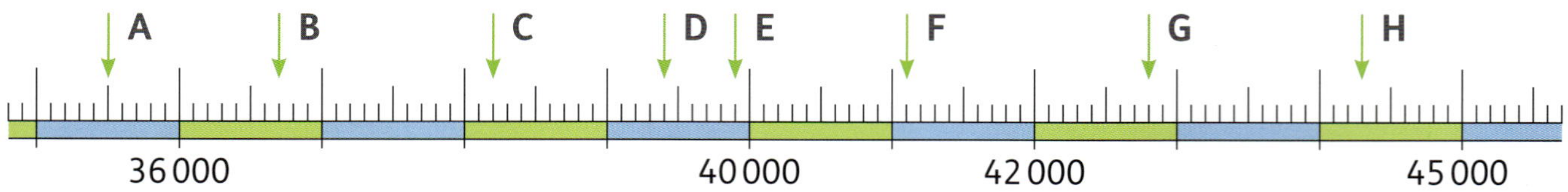

a) In welchen Schritten sind die Zahlen am Zahlenstrahl dargestellt?

b) Zeige deinem Partner am Zahlenstrahl:
- alle Zehntausenderzahlen,
- alle Hunderterzahlen von 38 000 bis 39 000, von 43 000 bis 44 000,
- weitere Zahlen.

c) Wie heißen die Zahlen an den grünen Pfeilen?

3 Setze <, > oder = ein.

a)		b)		c)	
41 620 > 41 260		31 250 ○ 31 230		76 704 ○ 76 470	
10 001 ○ 11 000		97 715 ○ 97 157		58 356 ○ 58 283	
12 000 ○ 11 900		63 284 ○ 63 294		94 116 ○ 94 116	
28 500 ○ 25 800		85 021 ○ 85 121		19 563 ○ 19 657	

4 Ordne die Zahlen nach der Größe. Beginne mit

a) der kleinsten Zahl,

72 561 | 62 146 | 82 678 | 67 534 | 76 435 | 67 453

b) der größten Zahl.

12 345 | 13 272 | 12 356 | 13 245 | 12 364 | 13 254

5 Löse die Zahlenrätsel.

a) Meine Zahl ist die kleinste fünfstellige Zahl.

b) Meine Zahl ist die größte fünfstellige Zahl.

c) Meine Ziffern sind alle gleich. Ich bin fast in der Mitte zwischen 0 und 100 000.

d) Meine Zahl ist der Vorgänger der Zahl, die genau in der Mitte zwischen 0 und 50 000 liegt.

1

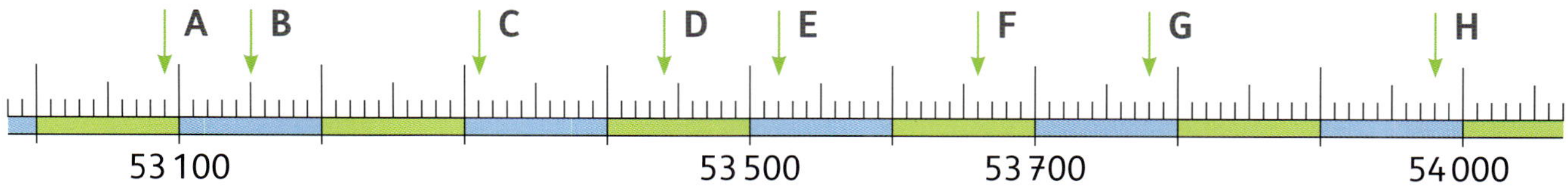

a) In welchen Schritten sind die Zahlen am Zahlenstrahl dargestellt?

b) Zeige deinem Partner am Zahlenstrahl:
- alle Hunderterzahlen,
- alle Zehnerzahlen von 53 000 bis 53 100, von 53 900 bis 54 000,
- weitere Zahlen.

c) Wie heißen die Zahlen an den grünen Pfeilen?

2

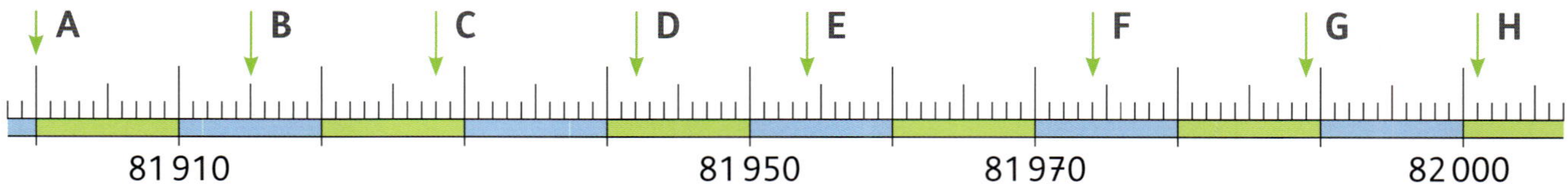

a) In welchen Schritten sind die Zahlen am Zahlenstrahl dargestellt?

b) Zeige deinem Partner am Zahlenstrahl:
- alle Zehnerzahlen,
- alle Zahlen von 81 930 bis 81 940, von 81 985 bis 81 995,
- weitere Zahlen.

c) Wie heißen die Zahlen an den grünen Pfeilen?

3

a) Schreibe Steckbriefe für die Zahlen.

14 673

Vorgänger:	Nachfolger:
14 672	14 674
Nachbarzehner:	
14 670	14 680
Nachbarhunderter:	
14 600	14 700
Nachbartausender:	
14 000	15 000
Nachbarzehntausender:	
10 000	20 000

14 673
15 112
30 426
42 870
49 999
25 008

b) Hier sind Ausschnitte aus Steckbriefen. Für welche Zahlen könnten die Steckbriefe geschrieben sein?

Vorgänger:	Nachfolger:
14 508	14 510

Vorgänger:	Nachfolger:
	65 600

Nachbarzehner:	
53 640	53 650

Nachbarzehner:	
87 280	

Nachbartausender:	
38 000	39 000

Nachbartausender:	
	10 000

4

a) Runde auf Zehner:

26 184 38 261
81 025 59 507
43 021 74 997

b) Runde auf Hunderter:

18 434 42 318
71 912 89 081
68 507 32 654

c) Runde auf Tausender:

14 173 56 920
14 512 99 476
14 032 9 653

1–3 KV nutzen.

AH 21 KV 28–29, 32–33 125–130

1

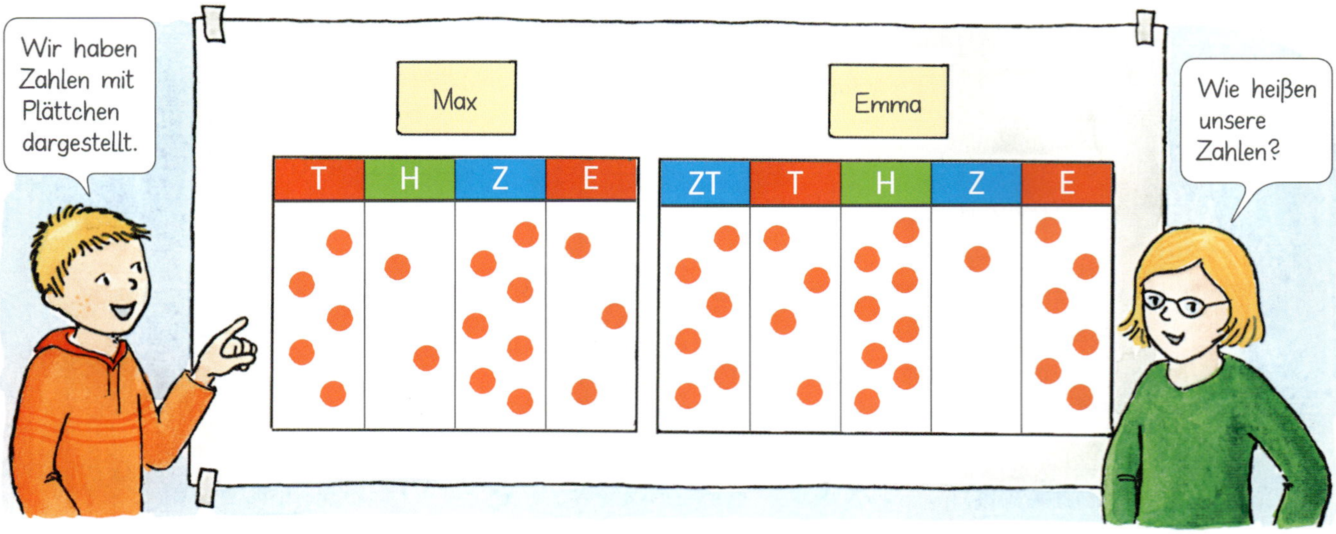

Welche Zahlen können entstehen, wenn jeder in seiner Stellenwerttafel

a) ein Plättchen bei den Hundertern dazulegt,
b) ein Plättchen in einem anderen Feld dazulegt,
c) ein Plättchen bei den Zehnern wegnimmt,
d) ein Plättchen von einem anderen Feld wegnimmt,
e) ein Plättchen von einem Feld in ein benachbartes Feld verschiebt?

2

a) Tom würfelt 2, 3, 5 und 6.
Er setzt daraus die Zahlen 2 356 und 6 532 zusammen.
Welche anderen vierstelligen Zahlen kann er daraus noch zusammensetzen?
b) Würfle mit 4 Würfeln und setze selbst Zahlen zusammen.
c) Tom hat mit 4 Würfeln gewürfelt.
Er kann daraus nur 4 verschiedene vierstellige Zahlen zusammensetzen. Was kann er gewürfelt haben?
d) Würfle auch mit 5 Würfeln und setze fünfstellige Zahlen zusammen.

3

Spielanleitung

Ihr braucht:
jeder eine Stellenwerttafel, Spielwürfel, Stift

Ziel:
Wer nach 5 Würfen die größte Zahl in seiner Stellenwerttafel stehen hat, gewinnt.

So geht es:
Es wird abwechselnd gewürfelt. Jeder entscheidet, an welcher Stelle er seine gewürfelte Zahl in der Stellenwerttafel aufschreibt.
Nach 5 Würfen werden die beiden Zahlen in der Stellenwerttafel verglichen.

AH 22 KV 15, 34

1

a) Erkläre, woran du die Namenszahlen erkennst.
b) Ordne den Kindern die passenden Zahlen zu.

8 668 | 141 | 52 552 | 787 | 41 441 | 9 339

c) Schreibe für jedes Kind noch 3 andere Zahlen auf.
d) Finde für jedes Kind die kleinste und die größte Zahl.

2

a) Finde ANNA-Zahlen, die als Tausender eine 8 haben. Wie viele Zahlen gibt es?

b) Finde ANNA-Zahlen, deren Einer halb so groß ist wie der Zehner. Wie viele Zahlen gibt es?

c) Finde heraus, wie viele ANNA-Zahlen es insgesamt gibt.

d) Finde PIPPI-Zahlen mit der Zahl 5. Wie viele Zahlen gibt es?

e) Finde PIPPI-Zahlen, deren Einer dreimal so groß ist wie der Zehner. Wie viele Zahlen gibt es?

f) Finde heraus, wie viele PIPPI-Zahlen es insgesamt gibt.

g) Finde Namenszahlen für LILI. Schreibe 5 Zahlen auf.

h) Finde für EDE, ANNA, PIPPI und LILI andere Wörter, die auch zu den Zahlen passen.

i) Gibt es für deinen Namen auch Zahlen? Schreibe sie auf.

3

a) Welche der 3 Namenszahlen ist jeweils die nächstkleinere und welche ist die nächstgrößere? Wähle aus.

5 115

kleinere	größere
4 114	6 116
4 994	5 225
5 005	6 006

282

kleinere	größere
181	292
272	393
202	303

59 559

kleinere	größere
58 558	50 550
49 449	60 660
50 550	69 669

b) Finde für 8 668, 71 771, 979, 2 002 und 404 die nächstkleinere und die nächstgrößere Namenszahl.

1 Welche Zahlen sind dargestellt? Trage sie in eine Stellenwerttafel ein und schreibe sie auf.

17

a) 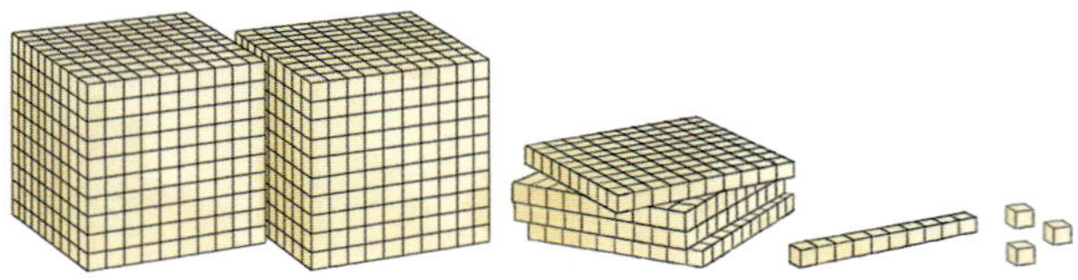

b) 

c) 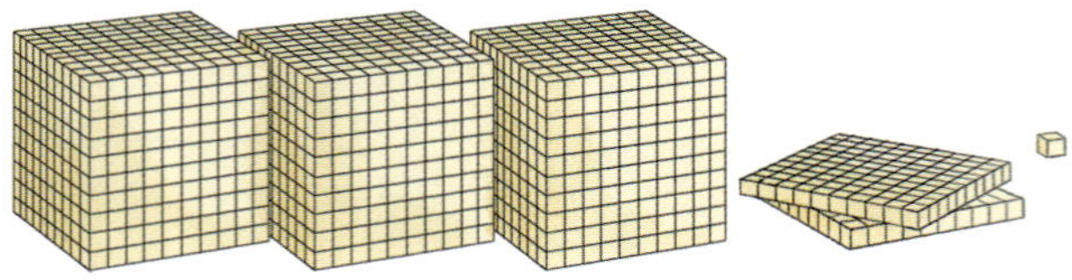

d) 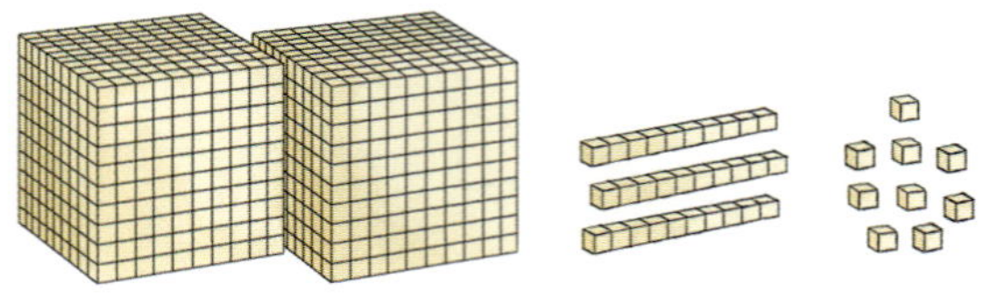

2 Wie heißen die Zahlen? Zerlege sie.

17 25

a)

T	H	Z	E
5	2	8	3

b)

T	H	Z	E
9	0	1	4

c)

ZT	T	H	Z	E
6	4	1	9	5

d)

ZT	T	H	Z	E
8	2	7	3	8

e)

T	Z	E	H
3	7	6	9

f)

Z	T	E
2	4	4

g)

H	ZT	Z	E	T
1	1	5	1	5

h)

T	ZT	H	Z
9	7	5	2

3 Vervollständige die Steckbriefe.

27

6 389
Vorgänger: ___ Nachfolger: ___
Nachbarzehner: ___ ___
Nachbarhunderter: ___ ___
Nachbartausender: ___ ___
Nachbarzehntausender: ___ ___

___
Vorgänger: 5 716 Nachfolger: ___
Nachbarzehner: ___ ___

48 205
Vorgänger: ___ Nachfolger: ___
Nachbarzehner: ___ ___

___
Vorgänger: ___ Nachfolger: 29 061
Nachbarzehner: ___ ___

70 999
Vorgänger: ___ Nachfolger: ___
Nachbarzehner: ___ ___

___
Vorgänger: ___ Nachfolger: ___
Nachbarzehner: 8 430 ___

___
Vorgänger: ___ Nachfolger: ___
Nachbarzehner: ___ 15 750

4

22 27

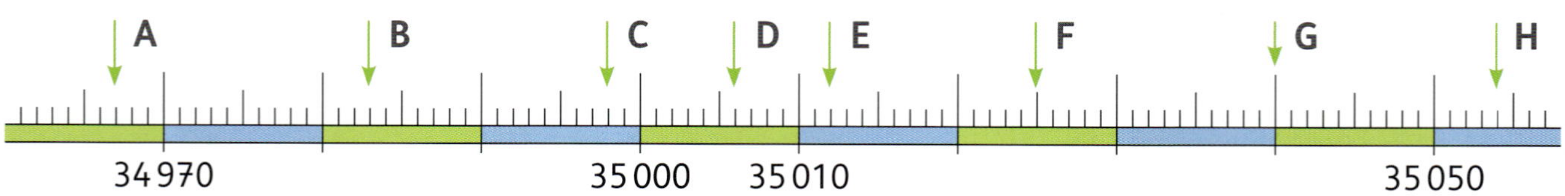

a) Wie heißen die Zahlen an den grünen Pfeilen?
b) Runde jede Zahl auf Zehner.
c) Runde jede Zahl auf Tausender.

3 KV nutzen.

AH 24 **KV** 15, 33, 86 – 88

1 Kl. 3 Q

a)		b)		c)		d)		e)	
187 + 6	13	183 + 17	2	165 − 8	13	803 − 8	21	530 + 160	15
260 + 34	15	394 + 9	7	442 − 30	7	220 − 30	10	940 − 720	4
712 + 80	18	695 + 30	14	883 − 22	15	150 − 96	9	180 + 420	6
526 + 44	12	598 + 21	16	902 − 5	24	601 − 27	16	400 − 380	2
897 + 5	11	910 + 82	20	731 − 32	24	313 − 42	10	630 − 140	13

2 Kl. 3 Q

a)		b)		c)		d)		e)	
4 · 90	9	20 · 7	5	60 : 3	2	450 : 5	9	350 : 70	5
8 · 80	10	30 · 6	9	240 : 6	4	720 : 8	9	210 : 30	7
7 · 60	6	60 · 9	9	320 : 4	8	140 : 2	7	560 : 80	7
5 · 70	8	90 · 2	9	280 : 7	4	810 : 9	9	420 : 60	7
3 · 40	3	70 · 5	8	60 : 2	3	420 : 6	7	500 : 50	1

3 Kl. 3

Familie Abel (2 Erwachsene, 2 Kinder) besucht im Naturtheater Heidenheim die Aufführung von „Peter Pan". Sie nehmen Plätze der Preisgruppe A. Das Theater hat insgesamt 901 Sitzplätze in 4 Preisgruppen. In den Preisgruppen B, C und D gibt es zusammen 504 Plätze. In Preisgruppe A kostet die Karte 14 €. Kinder zahlen 2,10 € weniger.

Du kannst 2 Fragen mit Hilfe des Textes beantworten. Löse und antworte.

a) Wie viel kostet der Eintritt für Familie Abel?
b) Wie viele Plätze gibt es für die Preisgruppe C?
c) Wie viele Plätze in Preisgruppe A sind noch frei, wenn dafür jetzt 381 Karten verkauft sind?

4 Kl. 3 Stelle diese Muster durch Falten her.

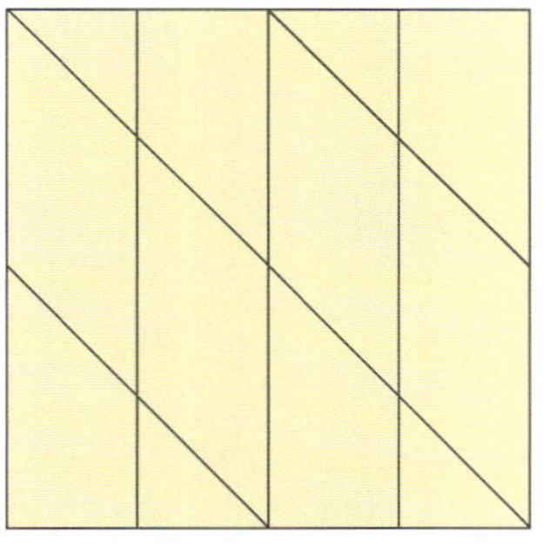

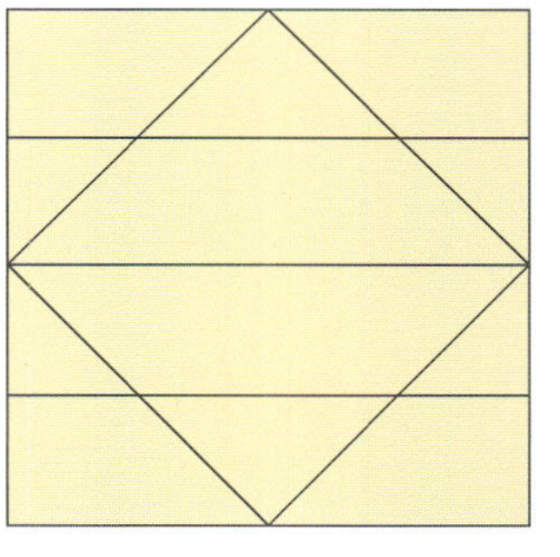

a) Färbe in einer Figur 2 Faltlinien, die parallel zueinander sind, blau.
b) Färbe in einer Figur 2 Faltlinien, die senkrecht zueinander sind, grün.
c) Markiere in jeder Figur 2 rechte Winkel rot.

5 Kl. 3 Schreibe in allen 3 Schreibweisen.

157 cm = 1 m 57 cm = 1,57 m

a)	b)	c)	d)
157 cm	2 m 19 cm	1,23 m	3 m 1 cm
368 cm	4 m 35 cm	5,80 m	6 m 7 cm
810 cm	9 m 40 cm	3,99 m	9 m 2 cm
602 cm	7 m 74 cm	8,06 m	4 m 5 cm

1 Welches Teil passt zu welchem Muster? Ordne zu. 2 Teile bleiben übrig.

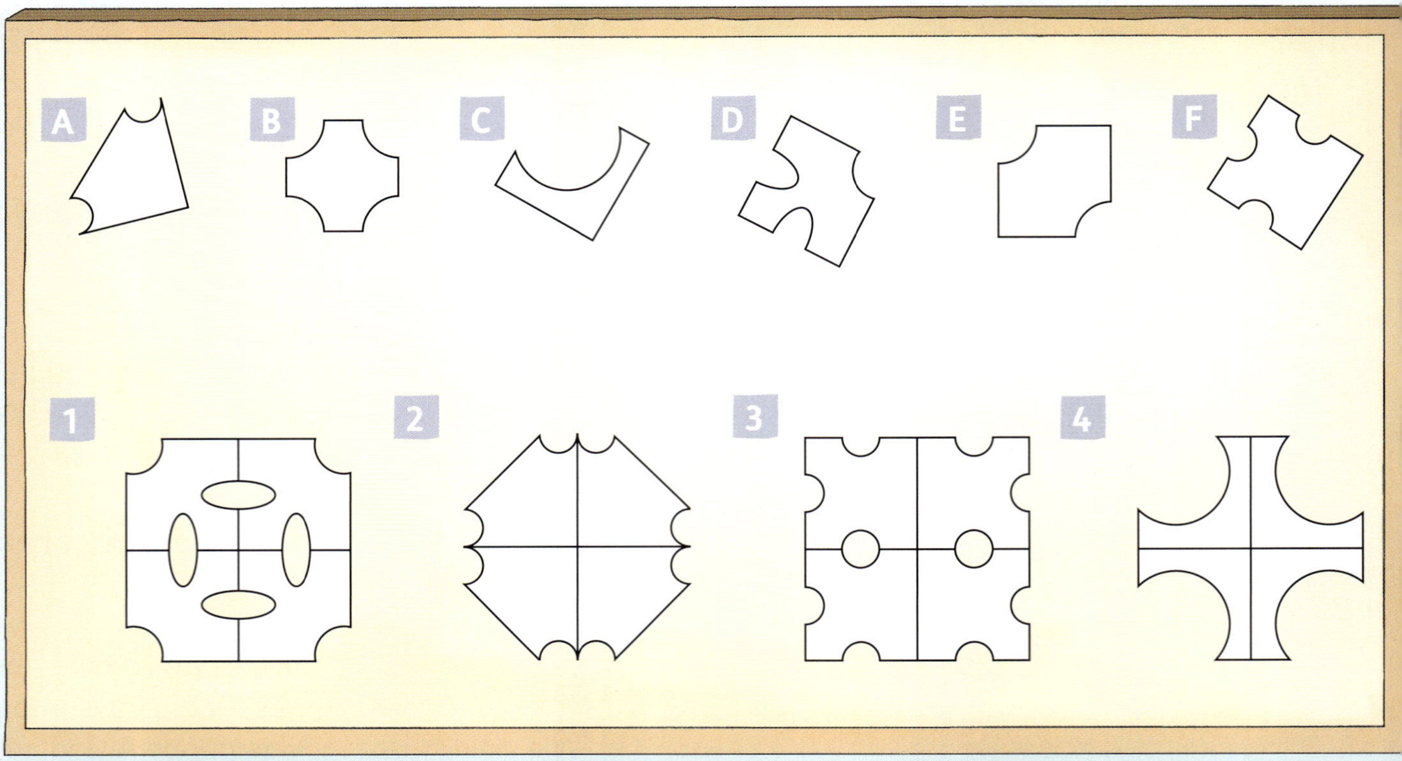

2 Ein Fliesenleger klebt Fliesen an die Wand. Wie viele Fliesen werden jeweils benötigt?

3 Immer 2 Figuren passen zusammen. Ordne zu.

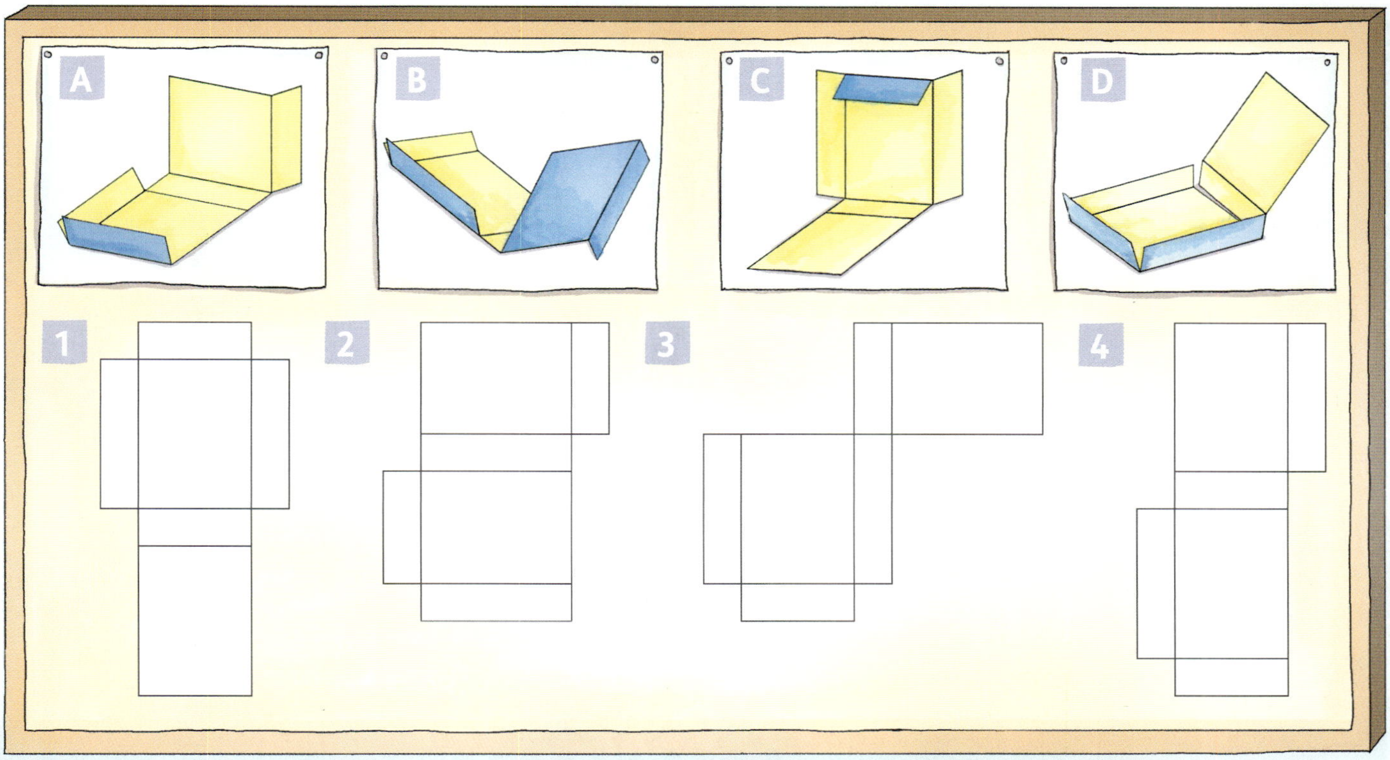

4 Welches Gebäude passt zu welchem Bauplan? Begründe.

1 Betrachte den Tempel. Beschreibe, was du siehst.

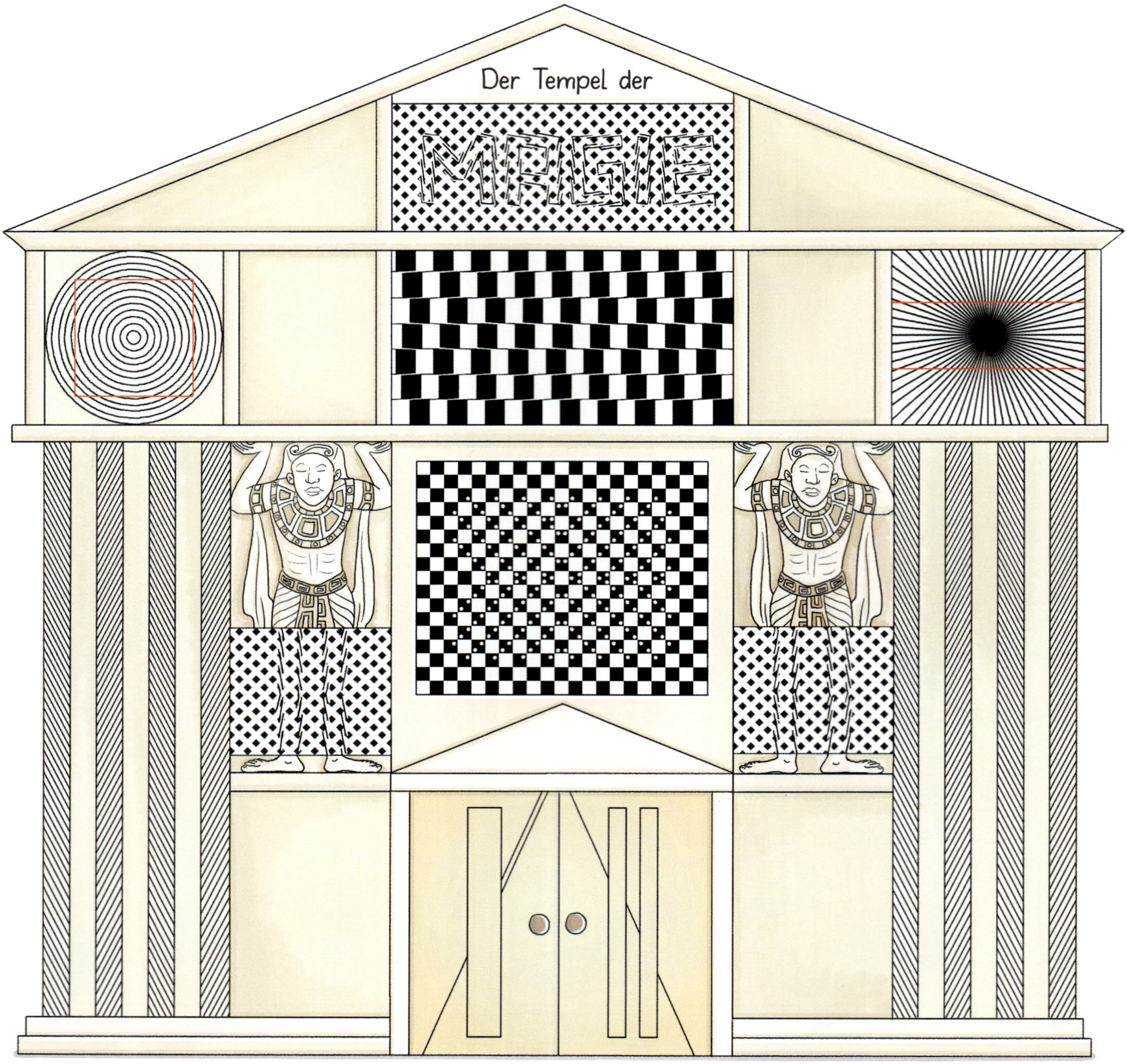

2 a) Zeichne selbst eine optische Täuschung aus dem Tempel.
Zeichne so:

b) Wähle eine weitere optische Täuschung aus dem Tempel und zeichne sie vergrößert.

1

Ein Trapez ist ein Viereck, bei dem mindestens 2 Seiten parallel zueinander sind.

a) Baue verschiedene Trapeze.
   Beschreibe sie.

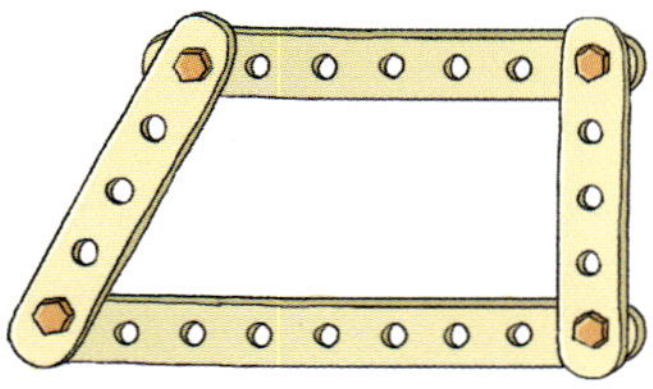

b) Schneide Trapeze aus farbigen Papierstreifen aus.
   Zeichne die parallelen Seiten rot.

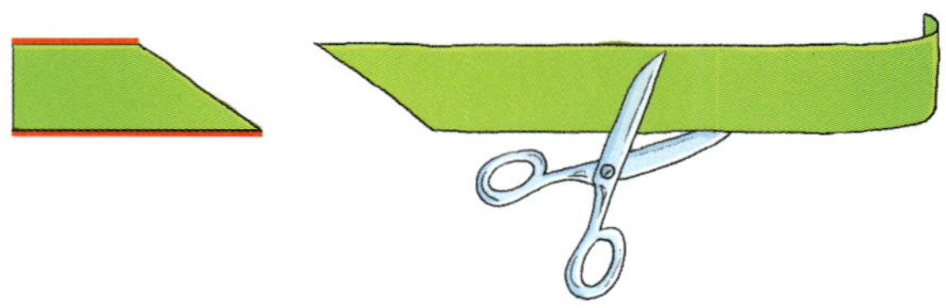

2
a) Zeichne mit dem Geodreieck 2 zueinander parallele Geraden.
   Zeichne weiter, so dass ein Trapez entsteht.
b) Zeichne zuerst 2 Geraden, die sich schneiden.
   Nimm ein Geodreieck und ergänze zum Trapez.
c) Zeichne mit dem Lineal auf Gitterpapier verschiedene Trapeze.

3 Welche dieser Figuren sind Trapeze? Begründe.

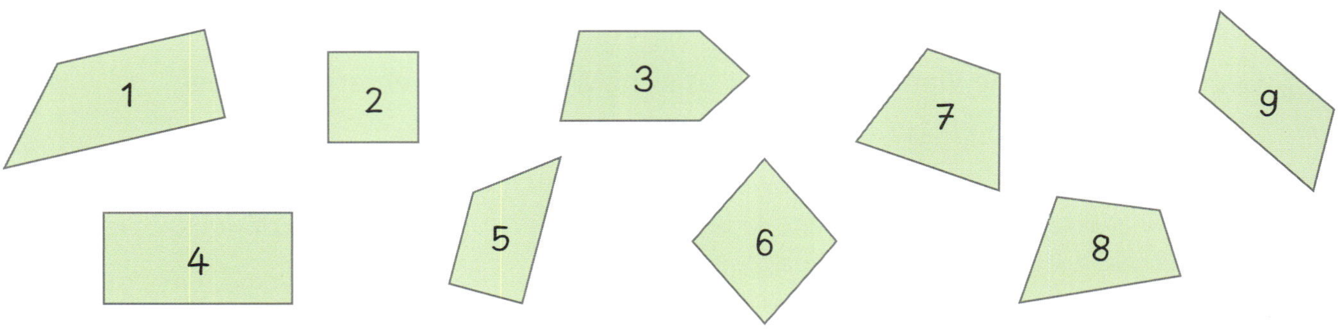

4 Kann das stimmen? Begründe.
a) Alle Vierecke sind Trapeze.
b) Es gibt Trapeze mit gleich langen Seiten.
c) Manche Trapeze haben rechte Winkel.
d) Jedes Rechteck ist ein Trapez.
e) Alle Parallelogramme sind Trapeze.
f) Alle Quadrate sind Trapeze.

Arten von Vierecken

1 Ergänzt die fehlenden Überschriften und erklärt die Übersicht.

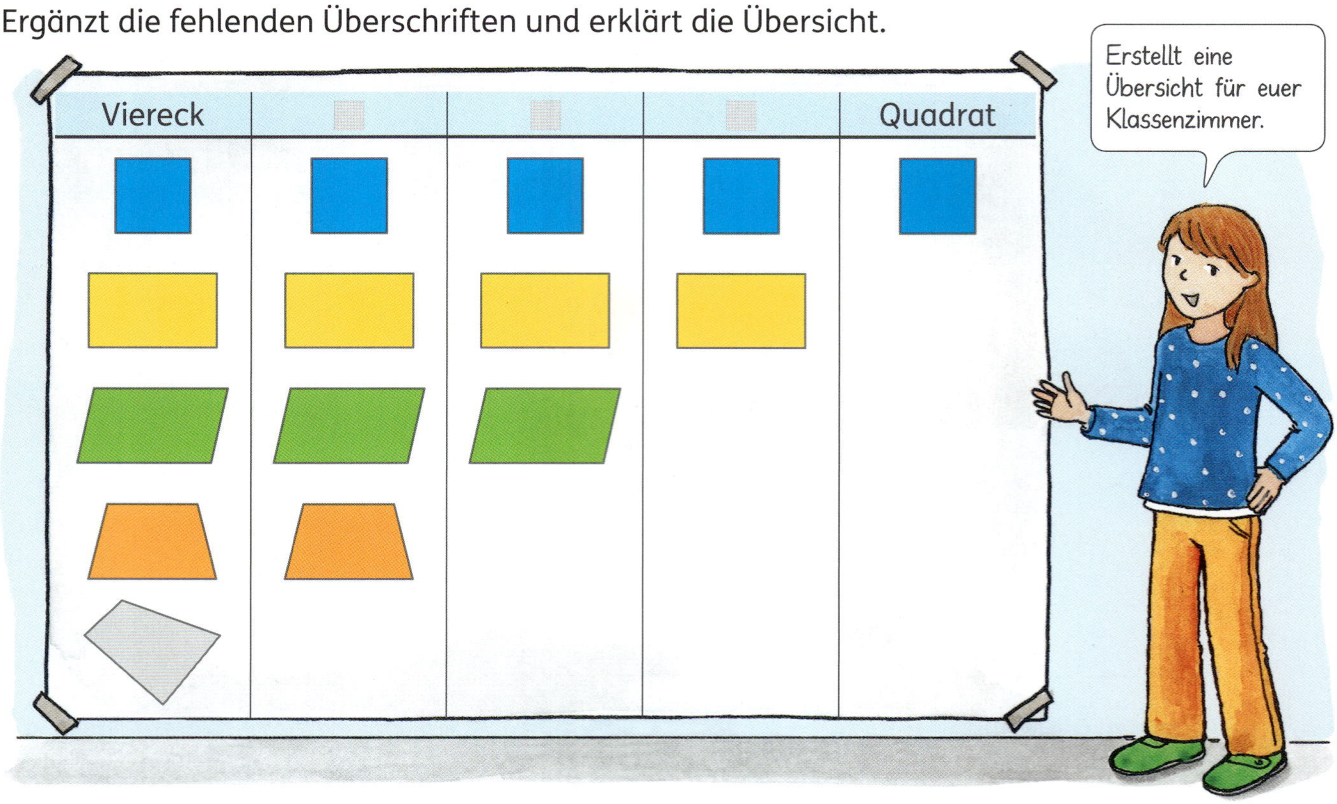

2 Manche Vierecke haben gleich lange Seiten.
Welche Vierecke haben:

- 4 gleich lange Seiten?
- 2 Paare gleich langer Seiten?
- keine gleich langen Seiten?
- 1 Paar gleich langer Seiten?

Lege jeweils Figuren mit Holzstäbchen.
Zeichne sie dann.

3 Manche Vierecke haben rechte Winkel.
Gibt es Vierecke mit:

- 4 rechten Winkeln?
- 2 rechten Winkeln?
- keinem rechten Winkel?
- 3 rechten Winkeln?

Versuche zuerst die Vierecke zu legen.
Zeichne sie dann in dein Heft.

4 Geoquiz: Um welche Vierecke handelt es sich? Wo gibt es mehrere Lösungen?

Ella
In meinem Viereck sind jeweils die gegenüberliegenden Seiten parallel zueinander.

Finn
In meinem Viereck sind jeweils die gegenüberliegenden Seiten gleich lang.

Sofie
In meinem Viereck sind 2 Seiten parallel zueinander.

Anton
Mein Viereck hat einen rechten Winkel und 2 Seiten sind zueinander parallel.

Oskar
Mein Viereck hat 2 rechte Winkel und 2 zueinander parallele Seiten.

Amelie
Mein Viereck besteht aus 2 kurzen und 2 langen Seiten.

1 Max und Fatima haben Figuren gespannt. Sie bestimmen jeweils die Größe der Fläche.
Welche Figur hat den größten und welche den kleinsten Flächeninhalt?
Welche Figuren haben den gleichen Flächeninhalt?

a) 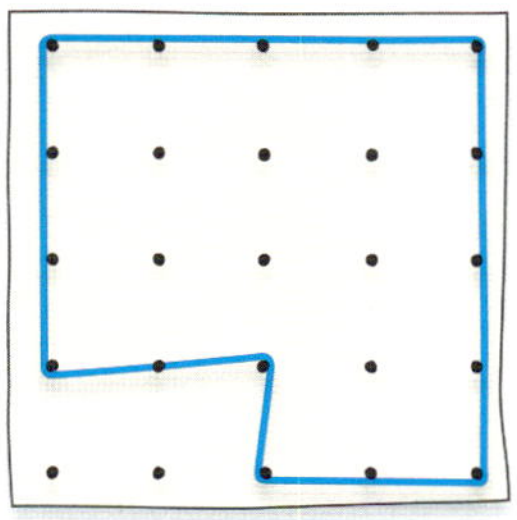
b) 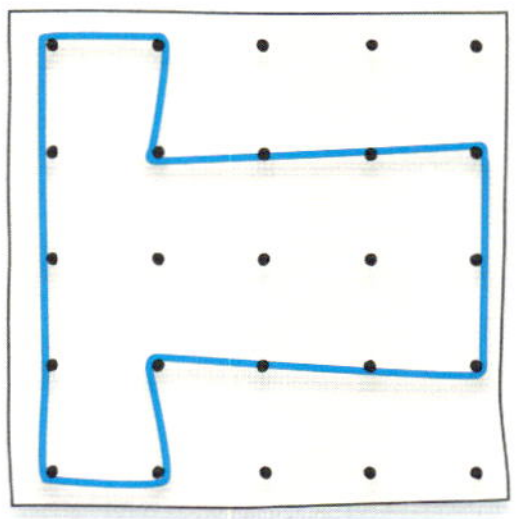
c) 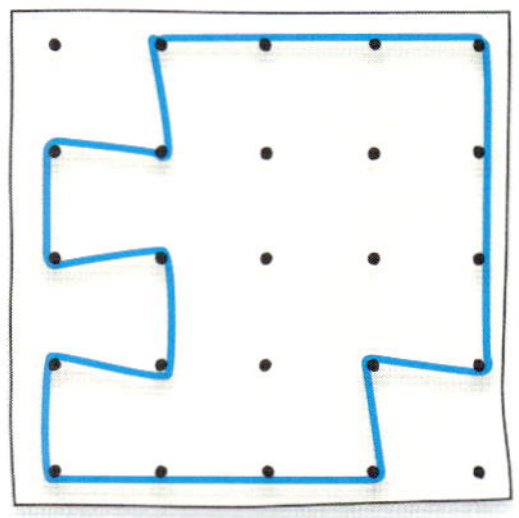
d) 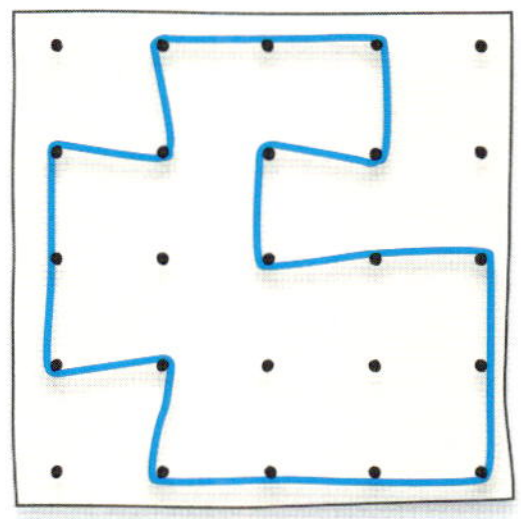

e) 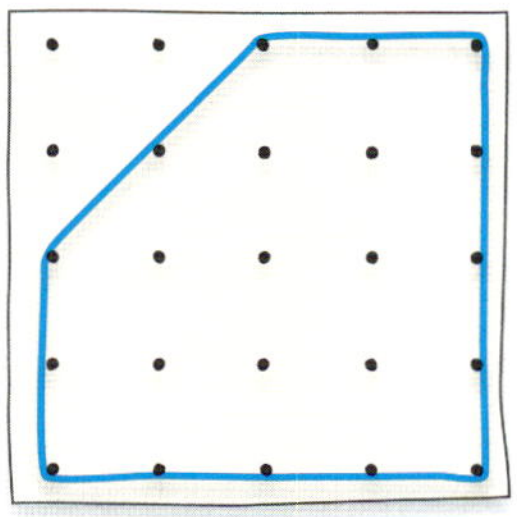
f) 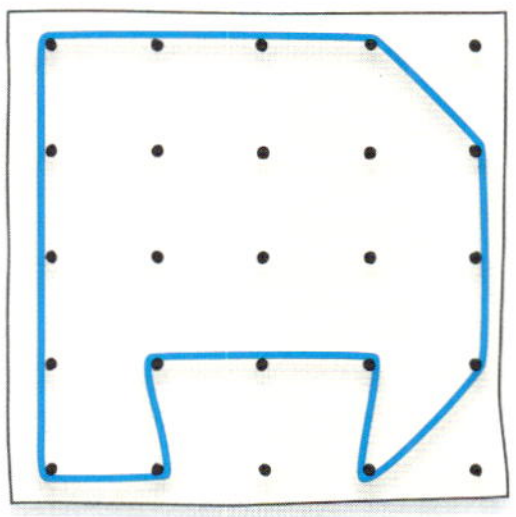
g) 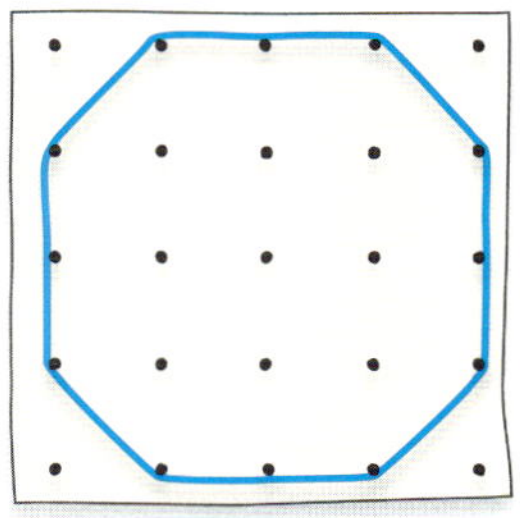
h) 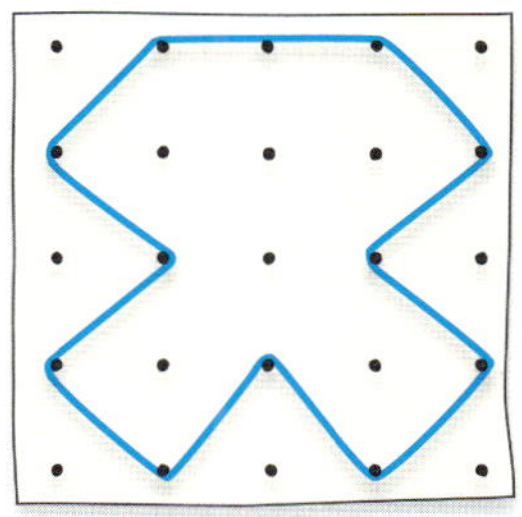

2 Spanne auf dem Geobrett:

a) ein Rechteck mit 6 Kästchen Flächeninhalt.

b) ein Rechteck mit 12 Kästchen Flächeninhalt.

c) ein Quadrat mit 4 Kästchen Flächeninhalt.

d) ein Quadrat mit 9 Kästchen Flächeninhalt.

e) ein Quadrat mit 8 Kästchen Flächeninhalt.

f) ein Fünfeck mit 10 Kästchen Flächeninhalt.

g) ein Dreieck mit 8 Kästchen Flächeninhalt.

h) ein Trapez mit 3 Kästchen Flächeninhalt.

3 Finde zu jeder Figur noch andere Figuren mit gleichem Flächeninhalt. Zeichne sie auf.

a) 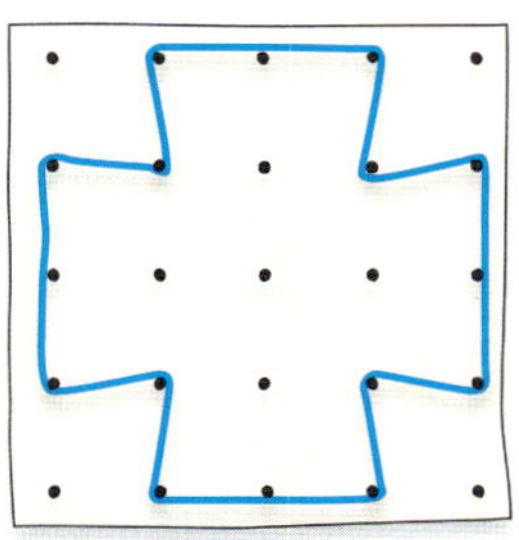
b) 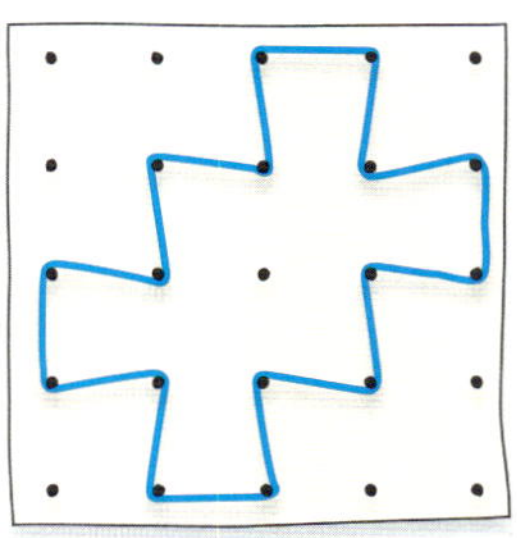
c) 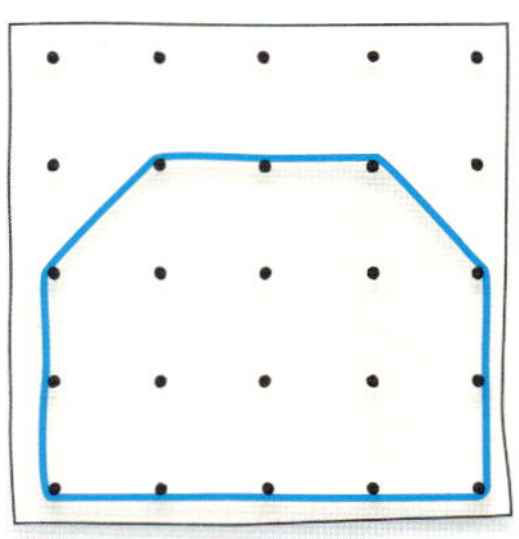
d) 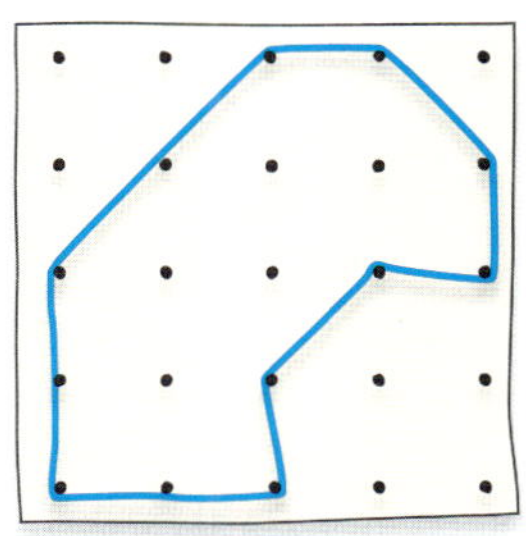

3 KV nutzen.

Flächeninhalt mit Zentimeterquadraten ausmessen

1 Bestimme den Flächeninhalt. Wie viele Zentimeterquadrate passen jeweils in die Figuren? Schätze zuerst.

Das ist ein Zentimeterquadrat oder ein Quadratzentimeter.

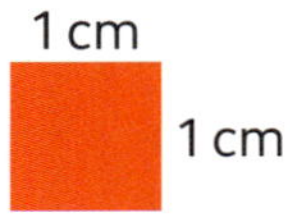

genau

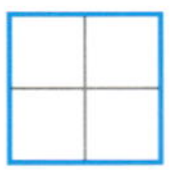

ungefähr

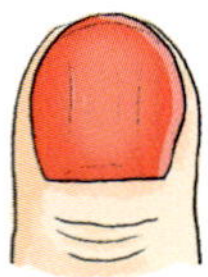

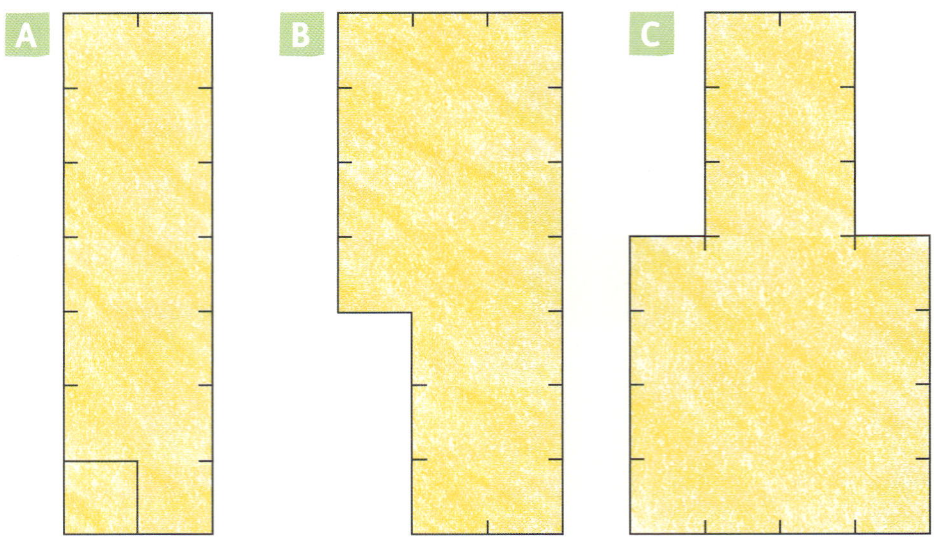

2 a) Bestimme den Flächeninhalt der Figuren in Zentimeterquadraten.

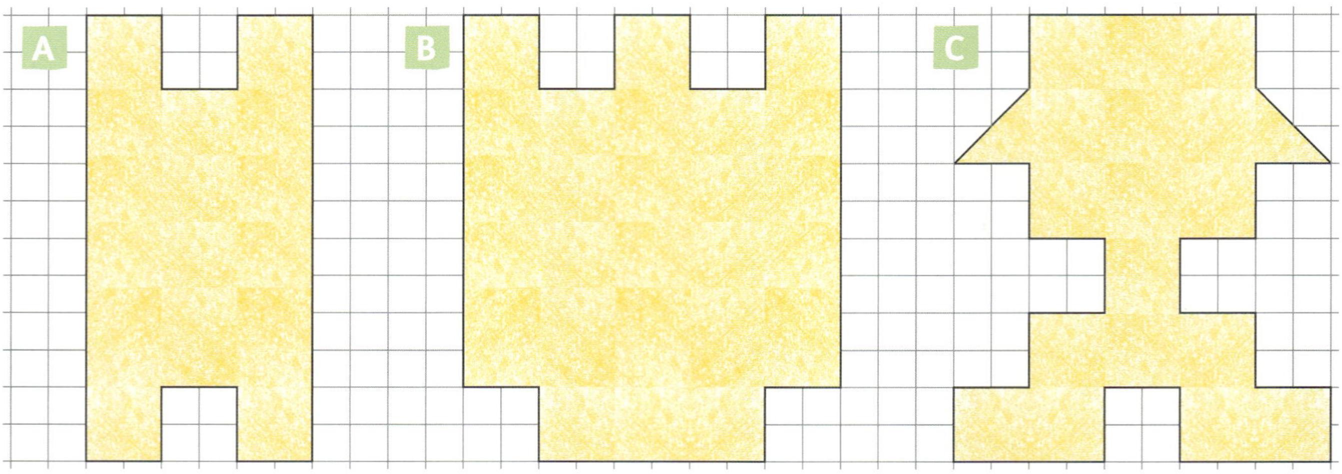

b) Zeichne 3 verschiedene Figuren mit einem Flächeninhalt von 12 Zentimeterquadraten.
c) Zeichne 3 verschiedene Figuren mit einem Flächeninhalt von 17 Zentimeterquadraten.
d) Zeichne 3 verschiedene Figuren mit einem Flächeninhalt von 23 Zentimeterquadraten.

3 Wie viel wurde jeweils von 6 Zentimeterquadraten weggeschnitten?

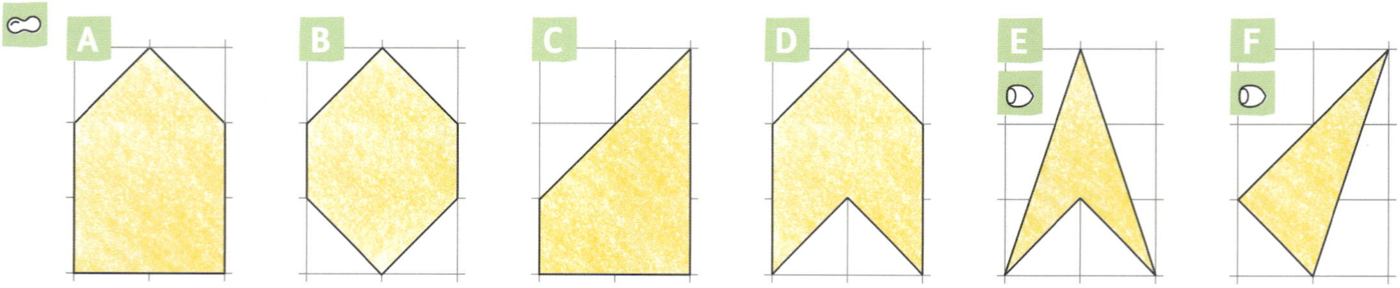

1 Bestimme den Umfang der Figuren in Zentimeter. Schätze zuerst. Miss dann.

> **!** Die Länge des Randes ist der Umfang einer Figur.
>
> 
>

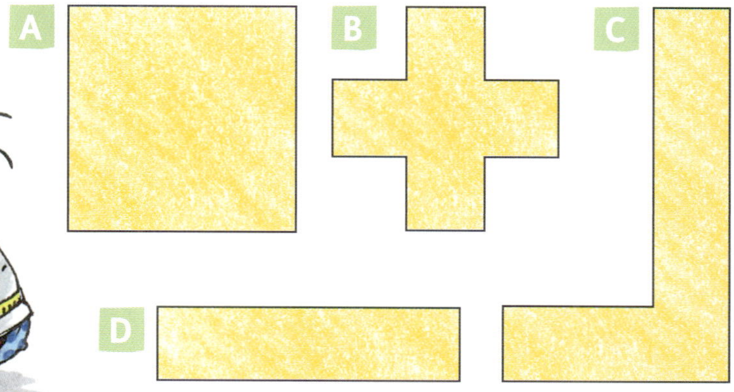

2 a) Bestimme den Umfang der Figuren.

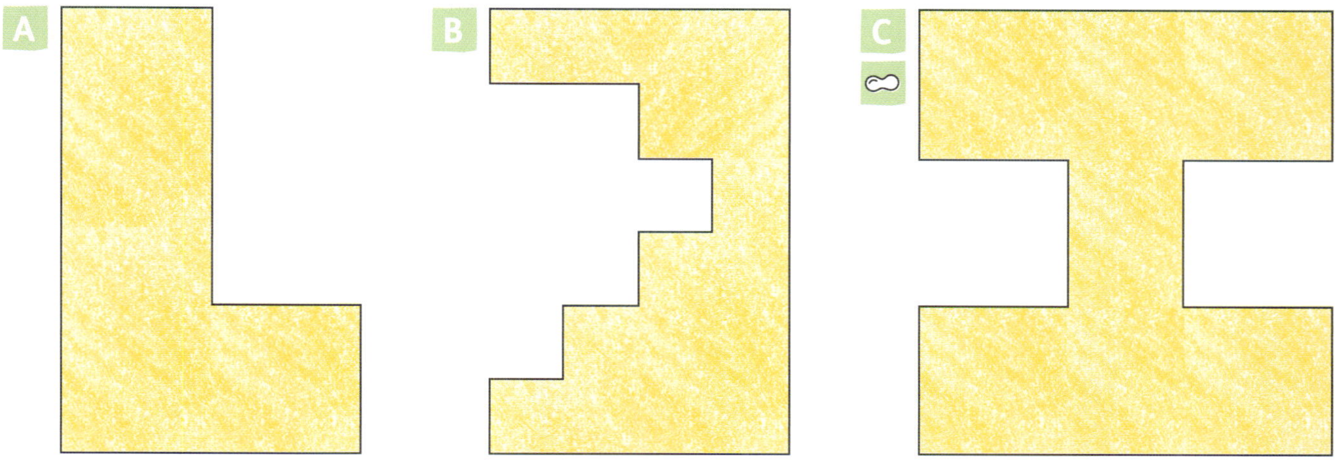

b) Zeichne 3 verschiedene Figuren mit einem Umfang von 20 Zentimetern.

3 Zeichne Figuren auf Karopapier.
a) Zeichne 3 verschiedene Figuren mit einem Umfang von je 10 cm.
Wie viele Zentimeterquadrate sind deine Figuren groß?
b) Zeichne 3 verschiedene Figuren, die einen Flächeninhalt von 10 Zentimeterquadraten haben.
Wie groß ist der Umfang deiner Figuren?

4 Zeichne ein 4 cm langes und 3 cm breites Rechteck. Zeichne dann ein Rechteck mit doppelt so langen Seiten.
a) Vergleiche den Umfang der Rechtecke.
b) Vergleiche den Flächeninhalt der Rechtecke. Was fällt dir auf?
c) Probiere mit anderen Rechtecken.

5 An der Regenbogen-Grundschule soll der Schulgarten mit einem Lattenzaun eingefasst werden.
Der Schulgarten ist 18 m lang und 13 m breit. Für das Tor bleiben 2 m frei.
Wie viele Meter Lattenzaun müssen bestellt werden?

Mit dem Zirkel zeichnen

1

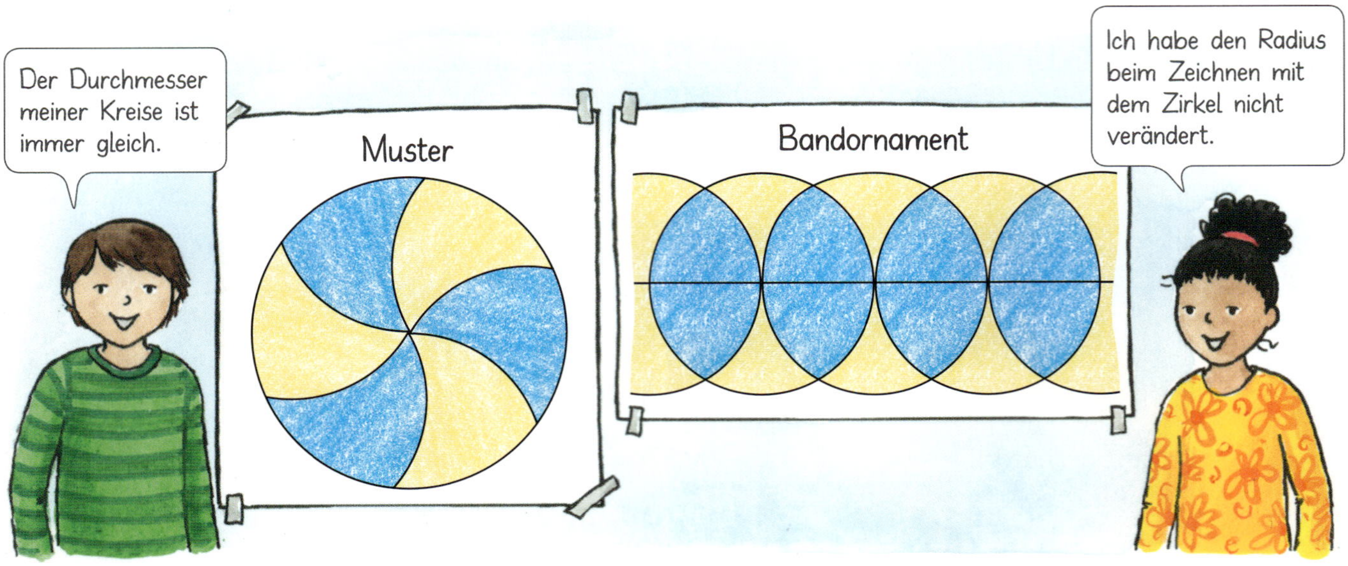

Zeichne die Figuren von Anton und Fatima mit dem Zirkel nach. Färbe sie.
Anton: d = 10 cm   Fatima: r = 3,5 cm

2 Bei diesen Bandornamenten wurde der Radius halbiert. Zeichne und färbe.
Erfinde auch eigene Bandornamente.

a)

b)

3 Zeichne und färbe. Erfinde auch eigene Muster.

a)

b)

c)

4 a) Zeichne Kreise freihändig.
b) Probiere einen Trick:
- Nimm einen Bleistift.
- Winkle den kleinen Finger an. Der 2. Knöchel ist „deine Zirkelspitze“.
- Setze „deine Zirkelspitze“ in die Mitte eines Blattes.
- Drehe das Blatt so unter deinem Knöchel, dass ein Kreis entsteht.

1

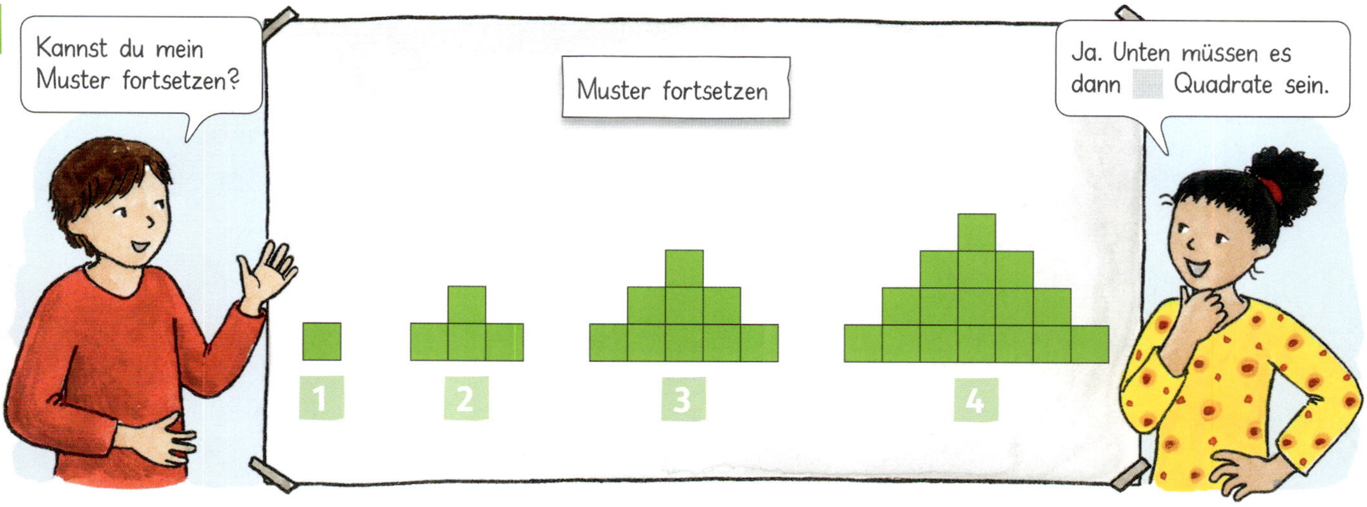

a) Wie sieht die 5. Figur von Antons Muster aus? Beschreibe.
b) Wie geht das Muster weiter? Zeichne die 6. Figur auf Gitterpapier.
c) Lege eine Tabelle an. Vervollständige bis zur 10. Figur.

Figur	1	2	3	4	5
Quadrate	1	4	9	16	

2 a) Setze die Muster fort. Zeichne jeweils die nächsten 3 Figuren auf Gitterpapier.
b) Lege für jedes Muster eine Tabelle bis zur 10. Figur an.

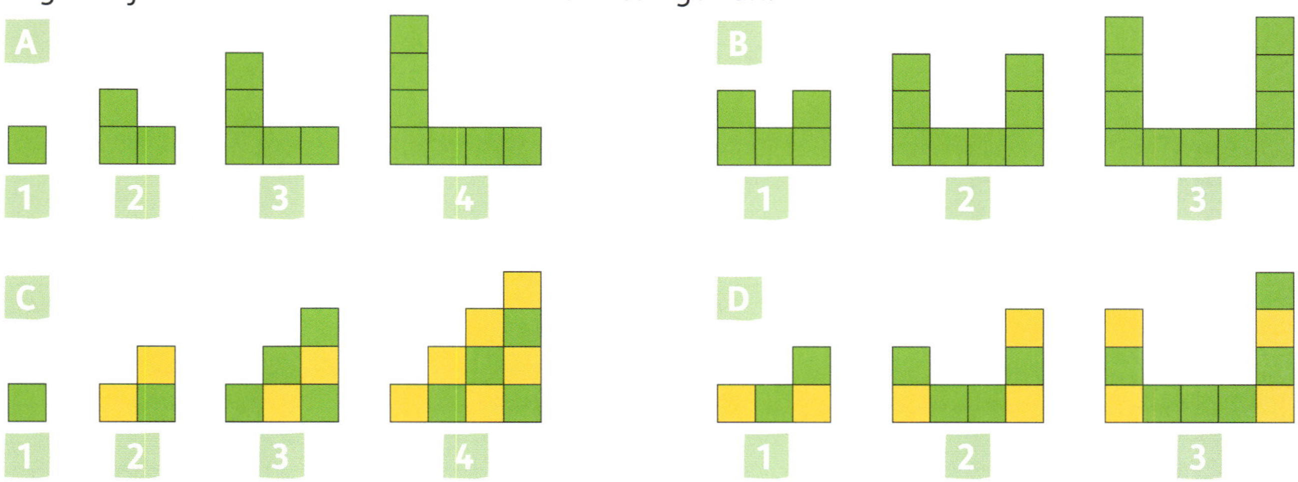

3 Beschreibe die Muster.
a) Setze sie fort. Zeichne jeweils die nächsten 3 Figuren auf Gitterpapier.
b) Wie sehen die Figuren aus, die jeweils an 10., 15., 18., 33. und 50. Stelle kommen?

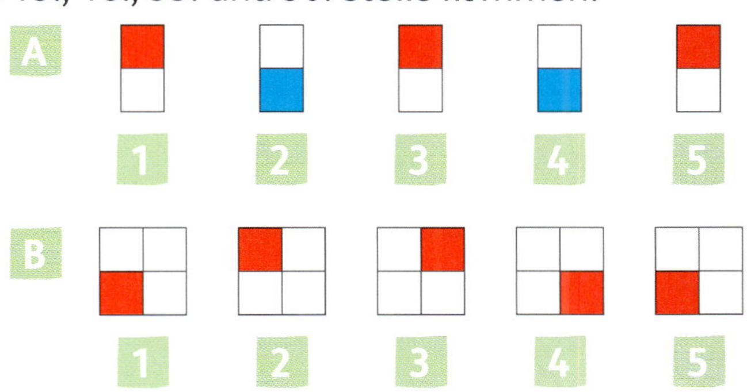

Mit Formen knobeln

1

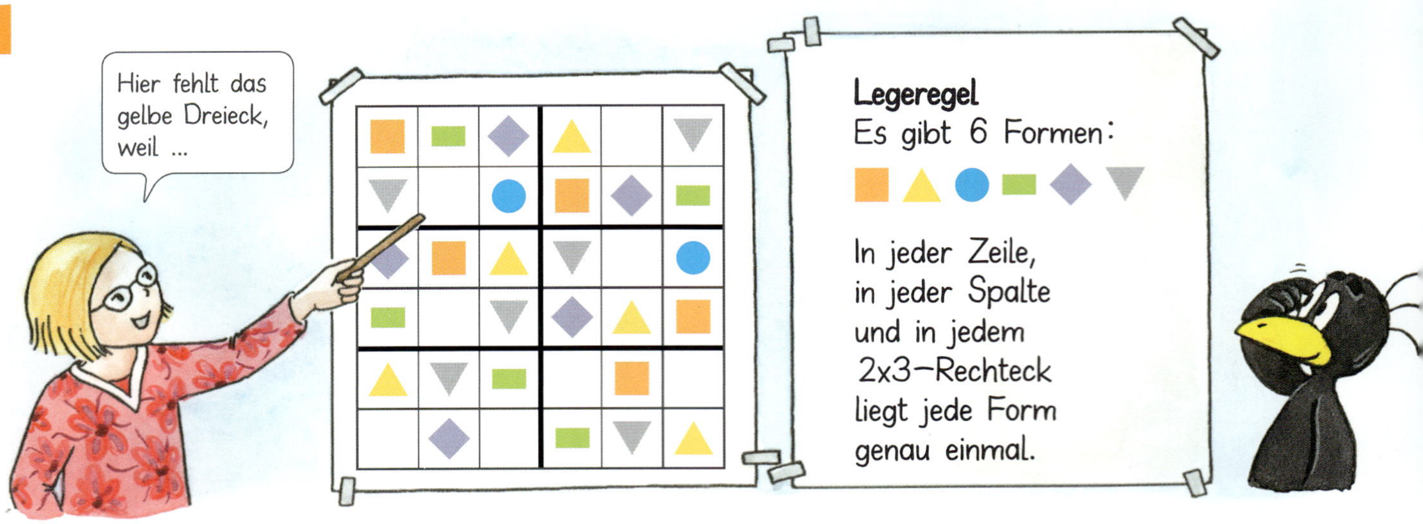

2

a)

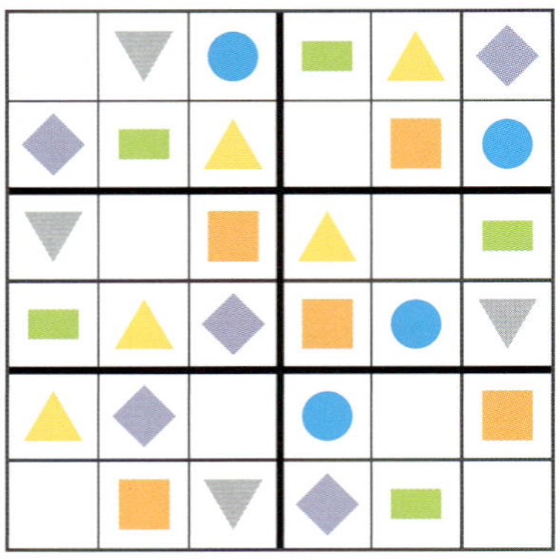

b)

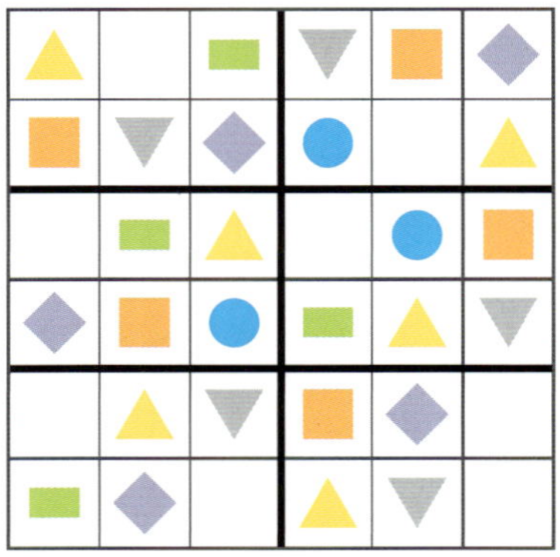

c)

3

a)

b)

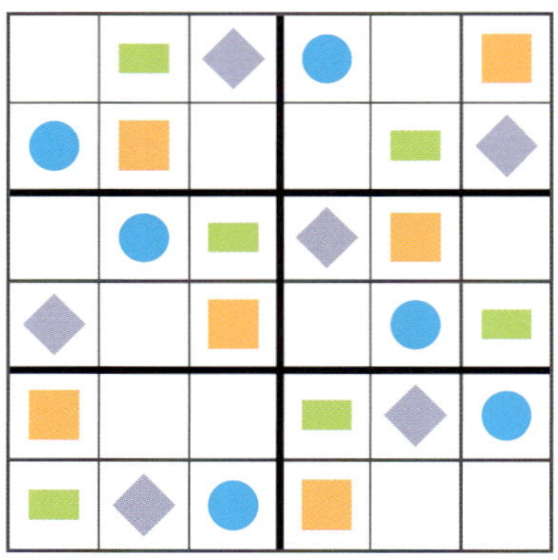

c)

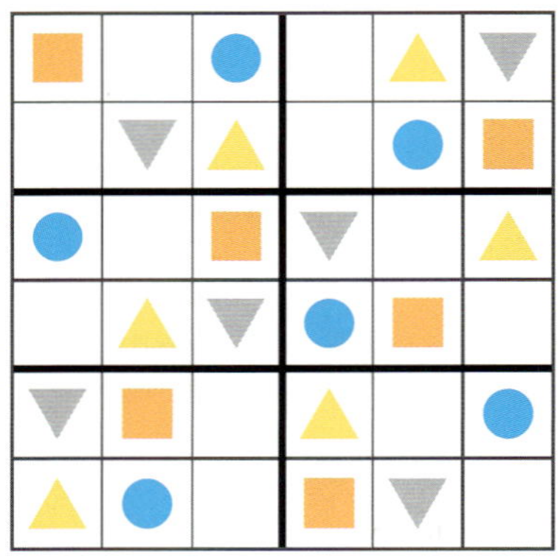

4

a)

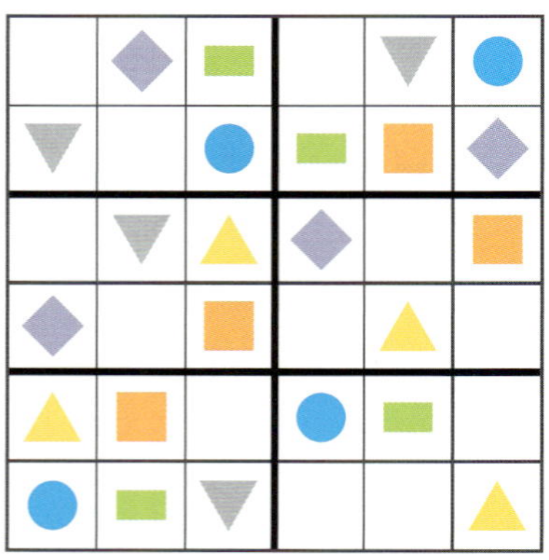

b)

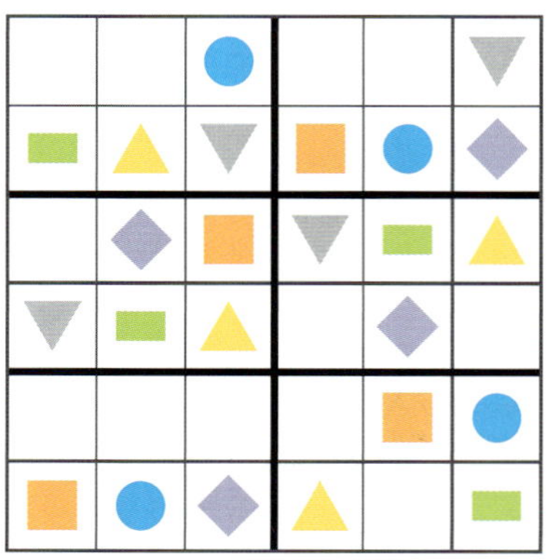

c)

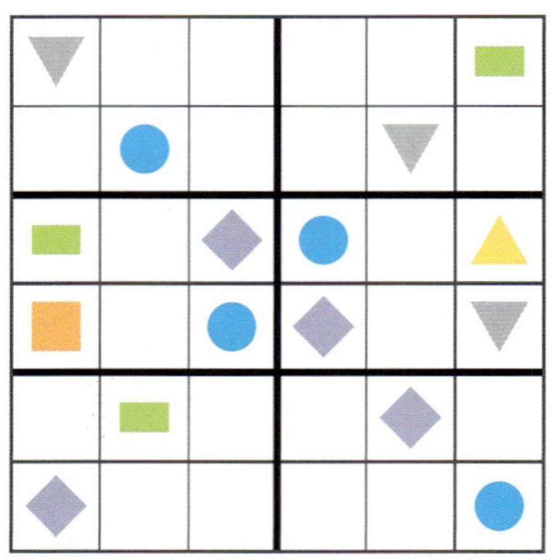

KV nutzen.

1 Lege immer 1 Streichholz um, damit die Aufgabe stimmt.

a)

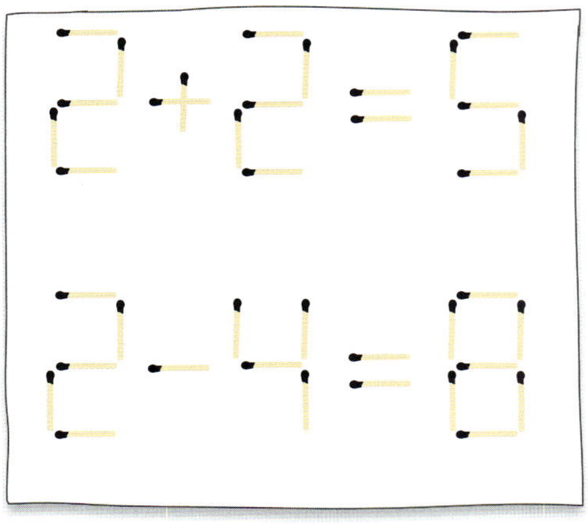

c)

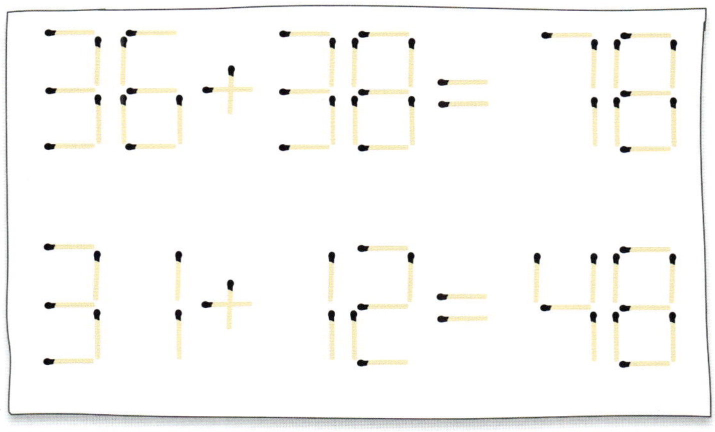

b)

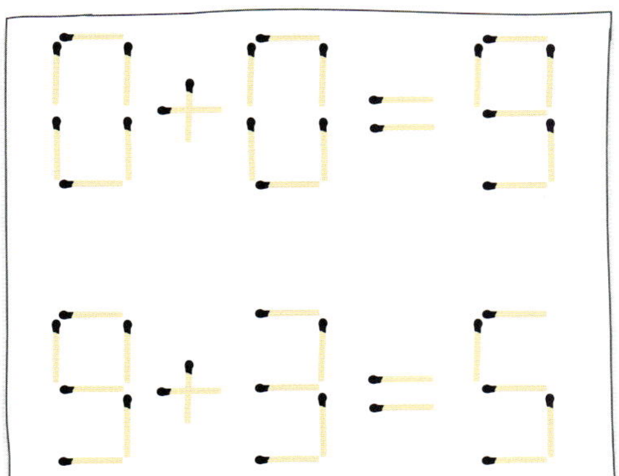

jeweils 3 Lösungen

d)

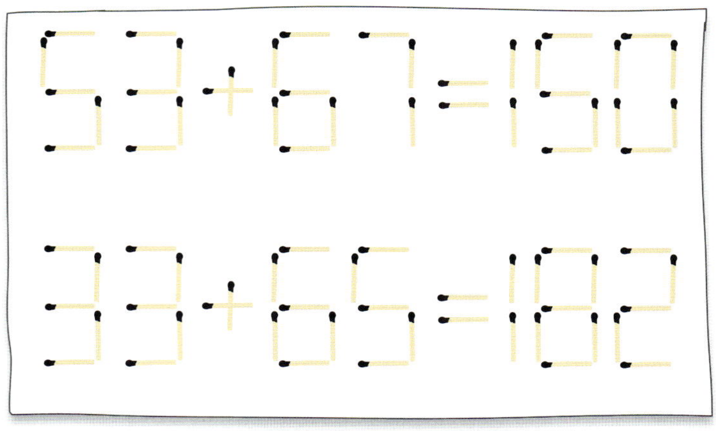

2 Knobel-Zahlwörter

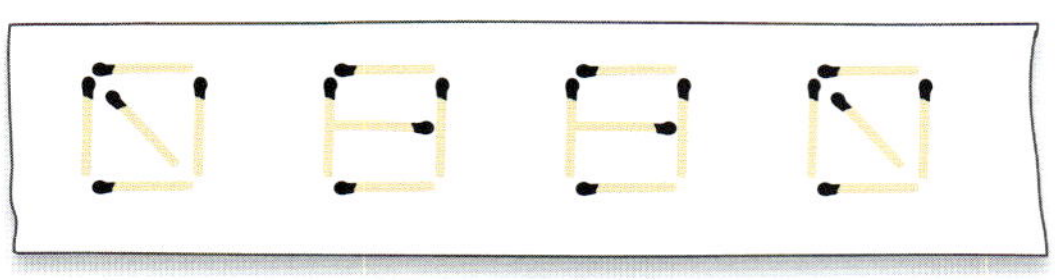

a) Nimm 7 Streichhölzer weg und mache NEUN daraus.

b) Nimm 10 Streichhölzer weg und mache NULL daraus.

c) Nimm 7 Streichhölzer weg und lege 1 Streichholz um, dann wird ZEHN daraus.

3 Knobel-Tiernamen

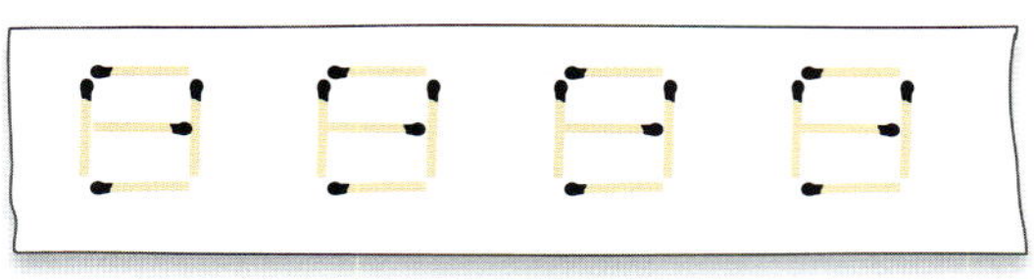

a) Nimm 6 Streichhölzer weg und entdecke ein Tier, das super klettern kann.

b) Nehmt 7 Streichhölzer weg und findet ein Tier des Waldes.

c) Nehmt 8 Streichhölzer weg und findet ein kleines Tierchen.

Addieren

1 Rechenkonferenz

Wie rechnest du? Schreibe deinen Rechenweg auf.

7 518 + 9 | 5 830 + 80 | 54 813 + 400 | 43 654 + 7 000 | 6 480 + 5 490

2 Q

a)		b)		c)		d)	
2 954 + 4	24	8 740 + 30	22	63 147 + 400	25	4 300 + 2 500	14
12 954 + 4	25	8 740 + 60	16	63 147 + 600	27	14 300 + 2 500	15
12 954 + 6	18	18 740 + 60	17	63 147 + 630	30	14 300 + 25 000	15
12 954 + 8	20	48 740 + 60	20	63 147 + 830	32	74 300 + 25 000	21
16 954 + 8	24	48 740 + 90	23	60 147 + 830	29	74 416 + 25 000	29

3

a)
5 670 + 9
5 670 + 19
5 670 + 29
5 670 + 39

b)
1 580 + 108
1 580 + 208
1 580 + 308
1 580 + 408

c)
6 409 + 5 900
16 409 + 5 800
26 409 + 5 700
36 409 + 5 600

d) 30 330 + 70

e) 31 650 + 250

4 Bei einem Dominowettbewerb werden die Steine so aufgestellt, dass beim Umfallen bunte Bilder entstehen. So viele Dominosteine werden für die Bilder verwendet:

Herz: 9 250 | Vulkan: 15 700

Saurier: 18 610 | Urwald: 24 750

a) Berechne Unterschiede. 9250 + ▢ = 15700

b) Wie viele Steine wurden insgesamt verwendet?

3 KV nutzen.

1 Rechenkonferenz

Wie rechnest du? Schreibe deinen Rechenweg auf.

6 370 – 8 | 3 270 – 50 | 8 500 – 230 | 64 700 – 3 600 | 42 900 – 22 100

2 Q

a) 3 536 – 4 (13)
13 536 – 4 (14)
13 536 – 6 (12)
27 536 – 6 (17)
27 536 – 9 (23)

b) 5 160 – 30 (9)
5 160 – 60 (6)
5 160 – 90 (12)
15 160 – 90 (13)
15 162 – 90 (15)

c) 74 500 – 400 (12)
74 500 – 600 (19)
74 500 – 750 (22)
54 500 – 750 (20)
54 500 – 650 (21)

d) 7 800 – 3 500 (7)
17 800 – 3 500 (8)
77 800 – 3 500 (14)
78 000 – 3 500 (16)
78 000 – 35 000 (7)

3

a) 3 766 – 9
3 766 – 8
3 766 – 7
3 766 – 6

b) 4 820 – 19
4 830 – 29
4 840 – 39
4 850 – 49

c) 12 910 – 900
12 915 – 905
12 920 – 910
12 925 – 915

d) 62 300 – 60

e) 11 100 – 900

4

a)
	15 000		
	9 000		
5 000		2 000	

b)
30 300		4 500	
	6 300		800

c)
100 000			
32 400	28 500		
		4 400	

d)
24 570			
		7 650	
	1 900		5 200

3–4 KV nutzen.

1

Ihr braucht: 2 Würfel, 1 Spielplan pro Spieler
So geht es: Die Spieler würfeln abwechselnd mit beiden Würfeln und tragen die Augenzahlen auf ihrem Spielplan ein. Zum Schluss werden die Zahlen addiert.
Ziel: Das Ergebnis soll möglichst nahe an 10 000 liegen.

2 Wer hat gewonnen?

a)

Sophie	Kostas
THZE	THZE
3523	6516
+ 6446	+ 3654

b)

Johanna	Jannick
THZE	THZE
4532	6546
+ 5562	+ 3454

3 Schreibe untereinander und rechne.

Q

a)
- 3 823 + 6 146 33
- 2 734 + 5 265 34
- 4 603 + 4 238 21
- 5 987 + 1 312 27
- 7 354 + 3 845 21

b)
- 7 654 + 6 540 19
- 3 043 + 8 427 13
- 7 281 + 2 909 11
- 5 276 + 8 397 20
- 1 654 + 9 876 10

c)
- 35 876 + 23 821 + 9 407 20
- 64 061 + 6 382 + 12 582 18
- 58 123 + 11 877 + 7 310 18
- 44 817 + 50 952 + 2 108 38
- 72 517 + 8 009 + 10 493 20

4 Finde Rechenfehler und korrigiere sie.

```
   8436
 + 7291
     1
 ------
  15727
```

a) 8 436 + 7 291 = 15 627

b) 5 523 + 6 876 = 11 399

c) 4 687 + 9 136 = 13 823

d) 47 725 + 19 455 = 77 180

e) 72 526 + 11 575 = 84 101

f) 38 812 + 21 989 = 50 801

1

Ihr braucht: 1 Würfel, 1 Spielplan pro Spieler
So geht es: Die Spieler würfeln abwechselnd und tragen die Augenzahl auf ihrem Spielplan ein. Zum Schluss werden die Zahlen subtrahiert.
Ziel: Das Ergebnis soll möglichst nahe an 1 000 liegen.

2 Wer hat gewonnen?

a)

Sophie
THZE
7636
– 5431

Kostas
THZE
7452
– 5541

b)

Johanna
THZE
7462
– 6513

Jannick
THZE
7231
– 6121

3 Schreibe untereinander und rechne.

Q

a) 5 789 – 3 463 13
6 724 – 2 481 13
9 483 – 5 148 15
7 053 – 4 865 19
8 706 – 6 817 26

b) 47 593 – 15 782 14
34 716 – 16 827 33
77 829 – 2 489 19
81 492 – 687 21
90 806 – 67 28

c) 62 300 – 23 184 20
38 004 – 23 668 17
58 030 – 7 573 21
22 043 – 897 14
73 008 – 79 29

4 Finde Rechenfehler und korrigiere sie.

8436
– 5221
3215

a) 8 436 – 5 221 = 2 215

b) 8 723 – 6 899 = 2 824

c) 4 687 – 1 138 = 3 549

d) 36 215 – 17 355 = 18 870

e) 70 546 – 41 575 = 39 071

f) 52 822 – 29 989 = 22 833

1

2 Wie rechnest du? Probiere verschiedene Wege.

a)
5 746 – 2 534 – 1 908 8
9 202 – 6 713 – 2 095 16
8 635 – 4 079 – 1 847 18
7 471 – 1 605 – 4 369 21

b)
6 038 – 4 791 – 825 8
8 604 – 628 – 5 037 23
9 001 – 3 006 – 199 27
2 550 – 889 – 768 20

c)
90 603 – 34 823 – 22 735 15
75 800 – 23 084 – 49 202 13
84 083 – 493 – 63 059 11
52 374 – 9 507 – 746 10

3 Schreibe untereinander und rechne.

a)
2 819 + 4 237 + 1 546 16
3 570 + 1 458 + 2 839 28
6 903 + 5 714 + 4 692 20
9 365 + 3 087 + 8 408 16

b)
5 402 + 7 316 + 679 23
8 077 + 595 + 7 904 25
939 + 9 022 + 893 18
7 808 + 964 + 8 560 16

c)
32 417 + 15 046 + 29 862 24
16 903 + 47 141 + 30 580 25
20 826 + 9 508 + 57 043 32
8 658 + 74 922 + 3 309 39

4
a) Wähle 2 Zahlen aus. Subtrahiere sie von 60 000. Das Ergebnis soll möglichst nahe bei 10 000 sein. Probiere zuerst mit einem Überschlag.
b) Wähle 4 Zahlen aus. Addiere sie. Das Ergebnis soll möglichst nahe bei 100 000 sein.
c) Wähle 5 Zahlen aus. Addiere sie. Das Ergebnis soll möglichst nahe bei 100 000 sein.

7 777	20 492	31 247	26 492	9 183	40 817
9 509	18 753	29 508	11 309	13 999	1 406

5 Im Stadion von Trax Lieblingsverein gibt es 8 475 Sitzplätze und 2 640 Stehplätze. Für das 1. Heimspiel wurden bereits 1 765 Dauerkarten und 6 938 Karten im Vorverkauf verkauft.

Wie viele Restkarten gibt es für das 1. Heimspiel noch an der Tageskasse?

AH 37

1

a) Bilde mit den anderen ANNA-Zahlen Additionsaufgaben. Rechne.

b) Schreibe deine Ergebnisse der Größe nach untereinander. Was fällt dir auf?

c) Ein Ergebnis kommt 2-mal vor. Finde noch andere ANNA-Aufgaben mit diesem Ergebnis. Wie viele gibt es?

d) Finde auch möglichst viele ANNA-Aufgaben zu den anderen Ergebnissen.

e) Finde ANNA-Aufgaben mit dem Ergebnis 8 888. Wie viele gibt es?

f) Bilde die Quersumme aus den Ergebnissen deiner ANNA-Aufgaben. Was fällt dir auf?

2

Bilde mit den ANNA-Zahlen Subtraktionsaufgaben und rechne.

a) Schreibe deine Ergebnisse der Größe nach untereinander. Was fällt dir auf?

b) Finde möglichst viele ANNA-Aufgaben zu deinen Ergebnissen. Untersuche deine Ergebnisse. Was entdeckst du noch?

1

: 10 ↑ ↓ · 10

H	Z	E
	2	4
2	4	0

: 100 ↑ ↓ · 100

T	H	Z	E
		2	4
2	4	0	0

: 1 000 ↑ ↓ · 1 000

ZT	T	H	Z	E
			2	4
2	4	0	0	0

2

a) 37 · 10
37 · 100
56 · 100
56 · 1 000

b) 77 · 10
77 · 100
34 · 10
34 · 1 000

c) 550 · 100
550 · 10
5 050 · 10
55 · 1 000

d) 1 001 · 100
1 110 · 1 000
11 001 · 10
1 011 · 100

e) 610 : 10
6 100 : 100
61 000 : 10
61 000 : 1 000

f) 9 300 : 100
930 : 10
93 000 : 100
93 000 : 10

g) 7 700 : 10
77 000 : 10
70 700 : 100
77 000 : 1 000

h) 101 000 : 1 000
111 000 : 100
101 100 : 100
110 010 : 10

3

A Beim Dividieren durch 1

B Beim Multiplizieren mit 1 000

C Beim Dividieren durch 100

D Beim Multiplizieren mit 10

E Beim Dividieren durch 1 000

1 werden aus Hundertern Einer.

2 steht an der Einerstelle eine Null.

3 stehen an den letzten 3 Stellen Nullen.

4 werden aus Tausendern Einer.

5 bleibt die Zahl gleich.

4 Finde 3 Fragen, löse und antworte.

a) In der Klasse 4a der Regenbogenschule sind 24 Kinder, in der Klasse 4b sind es 2 Kinder mehr. Jedes Kind erhält für das Schulfest 10 Bons für Spiele, für Getränke und für Essen.

b) An die Kinder der Klassen 1a, 1b und 1c werden insgesamt 690 Bons verteilt.

c) Im 2. und 3. Schuljahr sind insgesamt 116 Kinder.

AH 38 207–208, 225–226

1

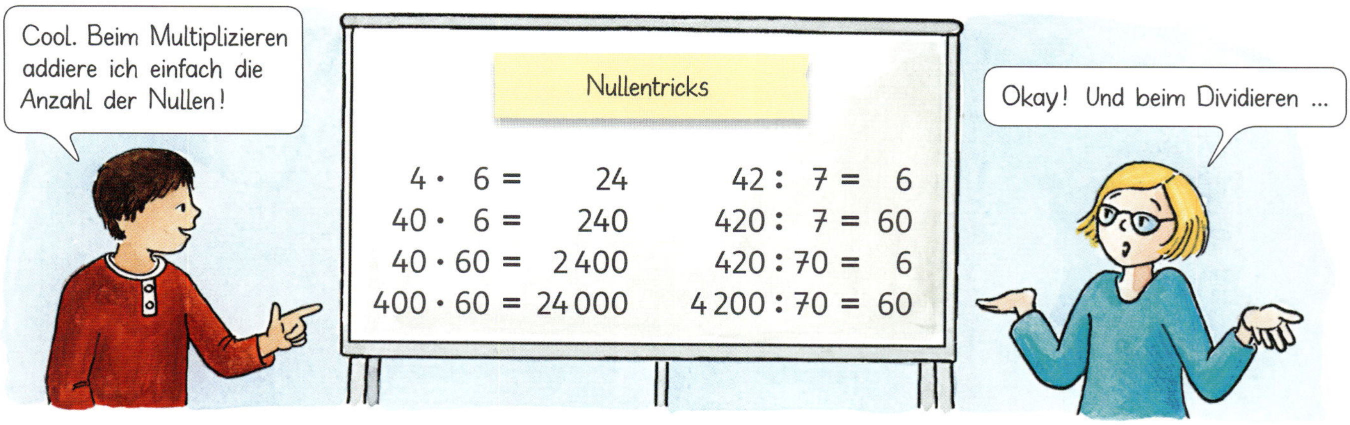

Wie rechnest du? Erkläre deinem Partner.

7 · 30 | 50 · 80 | 560 : 7 | 3 600 : 90 | 2 000 : 40

2

a) 7 · 5
7 · 50
7 · 500
7 · 5 000

b) 6 · 8
60 · 8
600 · 8
6 000 · 8

c) 90 · 60
90 · 600
900 · 60
9 000 · 6

d) 8 · 900
800 · 90
8 · 9 000
80 · 900

e) 32 : 8
320 : 8
3 200 : 8
32 000 : 8

f) 21 000 : 3
21 000 : 30
21 000 : 300
21 000 : 3 000

g) 810 : 90
8 100 : 90
81 000 : 900
81 000 : 9 000

h) 5 600 : 70
5 600 : 700
560 : 7
56 000 : 700

3

a)
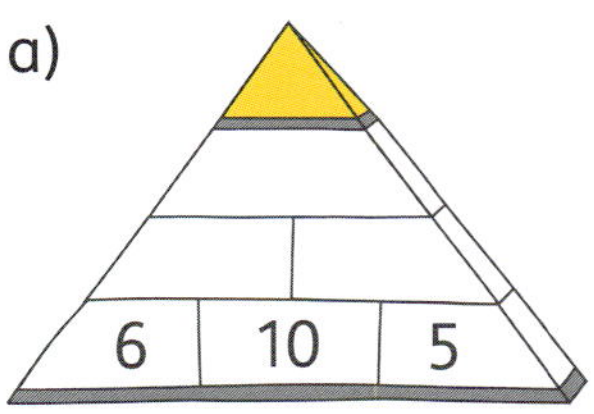

b)
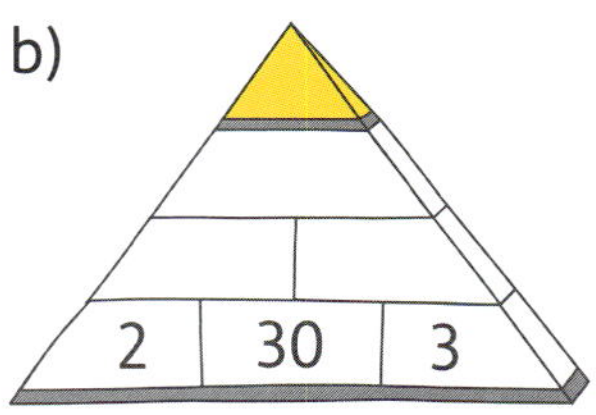

c)
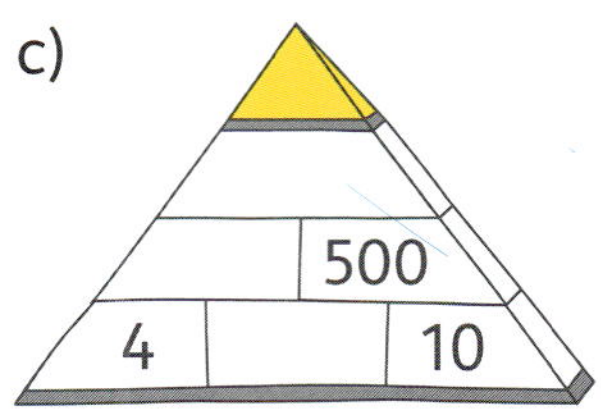

d)
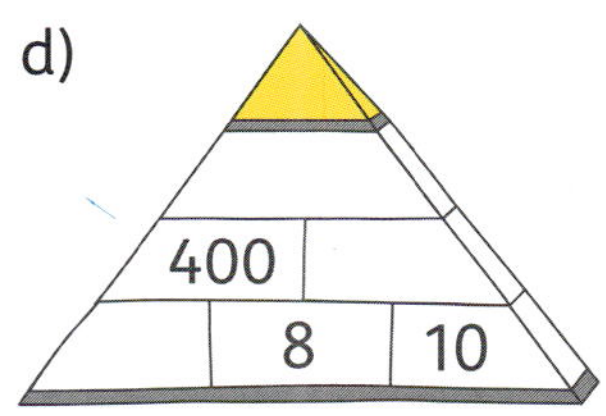

e)
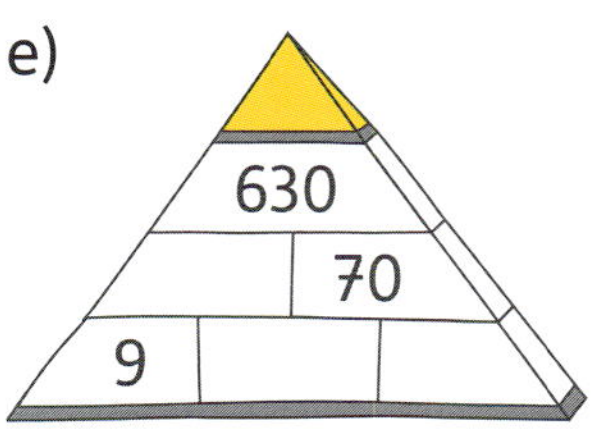

f)
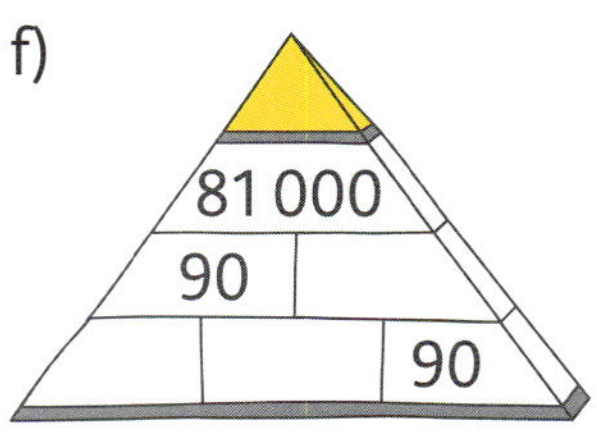

g)
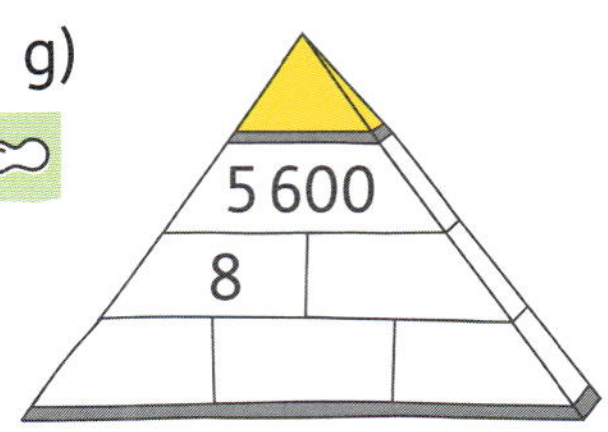

h)
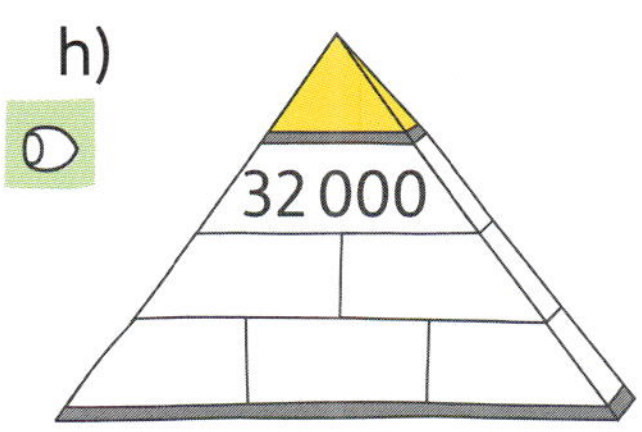

4

Finde 2 Fragen, löse und antworte.
Für das Stadtfest in Altlingen werden 100 Packungen Luftballons gekauft.
In jeder Packung sind immer 12 Ballons.
Jeder Stand auf dem Stadtfest wird mit 10 bunten Luftballons geschmückt.
Für das große Festzelt werden insgesamt 200 Ballons benötigt, 250 Ballons werden an Seilen über dem Marktplatz aufgehängt und 300 Luftballons werden für den Weitflugwettbewerb mit Helium gefüllt.

3 KV nutzen.

Rechenregeln

1

2

a)
140 + 60 · 8
(140 + 60) · 8

200 − 75 · 2
(200 − 75) · 2

b)
310 + 290 : 10
(310 + 290) : 10

660 − 300 : 60
(660 − 300) : 60

c)
50 · 70 + 430
50 · (70 + 430)

9 · 300 − 250
9 · (300 − 250)

d)
800 : 40 + 360
800 : (40 + 360)

2 400 : 60 − 30
2 400 : (60 − 30)

3 Wie rechnest du? Erkläre deinem Partner 4 Aufgaben.

a)
280 + 3 · 14
810 − 60 : 5
30 · 8 − 140
140 + 54 : 6

b)
180 : (30 + 60)
(350 − 50) · 8
220 : (96 + 14)
960 − (40 · 9)

c)
3 200 : 40 − 80
(270 + 390) · 0
120 : (85 − 45)
5 400 : 90 + 51

d)
175 + 25 : 5 − 30
(23 − 8) · (14 + 6)
900 : 9 − 700 : 7
88 : (17 − 9) · 11

4

a)
70 + 80 + 90
70 + (80 + 90)

b)
100 − 64 − 32
100 − (64 − 32)

c)
60 + 90 − 40
60 + (90 − 40)

d)
60 · 5 · 3
60 · (5 · 3)

e)
240 : 4 : 2
240 : (4 : 2)

f)
200 · 6 : 3
200 · (6 : 3)

g)
4 · 90 + 5 · 90
(4 + 5) · 90

h)
7 · 80 − 3 · 80
(7 − 3) · 80

i)
180 : 9 + 90 : 9
(180 + 90) : 9

5 Das Ergebnis soll immer 1 000 sein. Bei einigen Aufgaben musst du noch Klammern setzen.

180 + 320 · 2
1 400 − 700 − 300
2 · 250 + 250
3 600 − 600 : 3
5 · 10 + 10 · 10
1 500 − 5 · 100
8 · 50 + 3 · 200
5 000 : 50 − 45

1

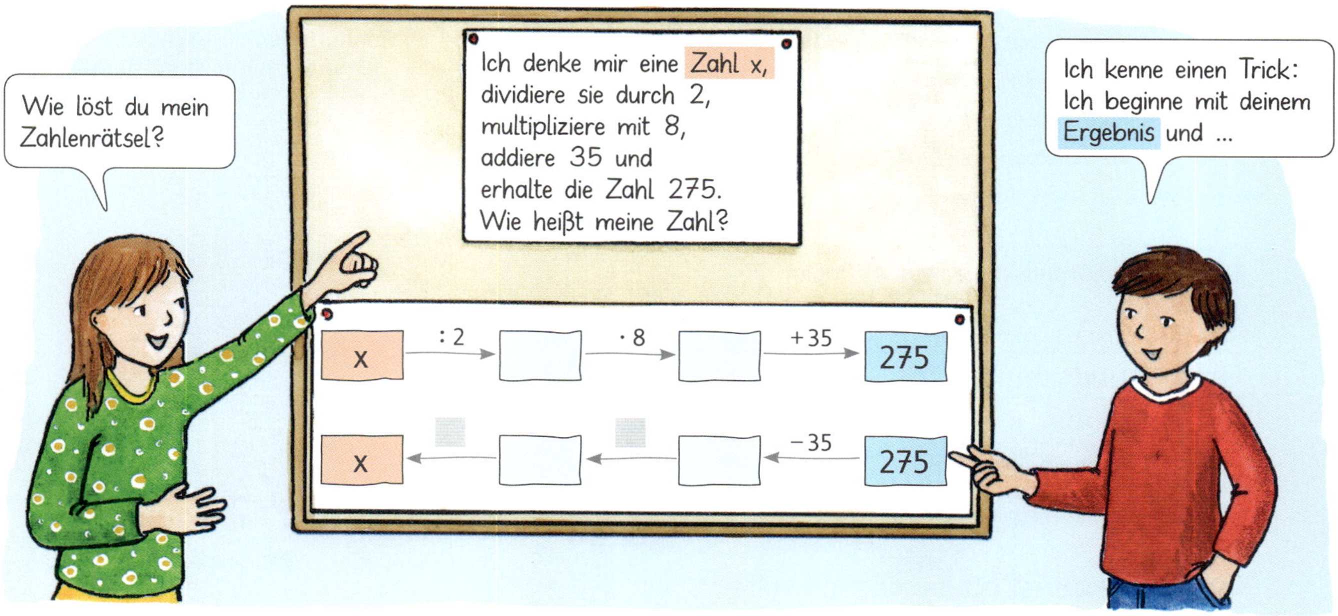

2 Wie heißen die gedachten Zahlen?

a) Ich denke mir eine Zahl a, addiere 80, subtrahiere 60, multipliziere mit 7 und erhalte die Zahl 280.

b) Ich denke mir eine Zahl b, subtrahiere 75, addiere 165, dividiere durch 40 und erhalte die Zahl 6.

c) Ich denke mir eine Zahl c, multipliziere sie mit 4, addiere 35, subtrahiere 115 und erhalte die Zahl 20.

d) Ich denke mir eine Zahl d, subtrahiere 555, addiere das Vierfache von 111, dividiere durch 8 und erhalte die Zahl 111.

e) Wenn ich den 4. Teil einer Zahl e zweimal verdopple, 50 subtrahiere und 48 addiere, erhalte ich die Zahl 998.

f) Wenn ich das 6-Fache einer Zahl f durch 3 dividiere, mit 5 multipliziere und 353 addiere, erhalte ich die Zahl 473.

g) Ich denke mir eine Zahl g. Wenn ich zum 8-Fachen dieser Zahl 3 200 addiere, 5 250 subtrahiere, mit 3 multipliziere, das Doppelte von 225 addiere und durch 5 dividiere, erhalte ich die Zahl 300.

3 Schreibe zu jeder Aufgabenkette ein Zahlenrätsel und löse.

r → +270 → □ → : 5 → 100

t → −99 → □ → −5 → □ → · 2 → 188

s → : 3 → □ → · 4 → 560

u → · 50 → □ → +500 → □ → : 70 → 50

v → +78 → □ → · 3 → □ → : 9 → □ → −12 → □ → · 10 → □ → +119 → 999

AH 41 KV 46

Mit Fragen arbeiten
In der Schule

1

Die Stadt Altlingen hat 10 422 Einwohner. Insgesamt gibt es in Altlingen 1 085 Einwohner unter 18 Jahren. Davon geht jeder Fünfte in eine der 3 Grundschulen der Stadt. Jedes siebte Grundschulkind kommt mit dem Schulbus zur Schule.

Kinder in den Grundschulen von Altlingen

Schule	Kl. 1	Kl. 2	Kl. 3	Kl. 4
Berg-Grundschule	16	15	19	15
Turm-Grundschule	15	16	17	18
See-Grundschule	21	19	23	23

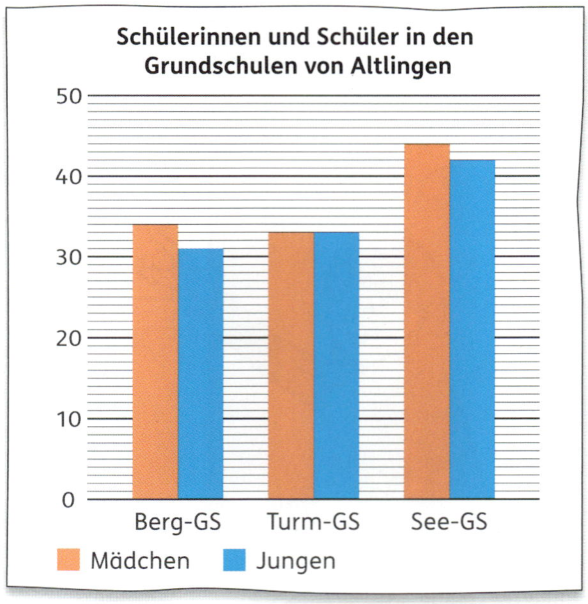

Eine Frage kannst du jeweils mit Hilfe der Angaben beantworten. Löse und antworte.

a) Wo liegt die Stadt Altlingen?
   Wie viele Viertklässler gibt es in Altlingen?

b) Wie viele Einwohner von Altlingen sind über 18 Jahre alt?
   Aus wie vielen Stadtteilen besteht Altlingen?

c) Wie viele Kinder gehen in die See-Grundschule?
   Wie viele Mädchen sind in Klasse 1?

d) Wie viele Mädchen in Altlingen sind unter 18 Jahre alt?
   Wie viele Jungen sind insgesamt in den Grundschulen von Altlingen?

e) Wie viele Grundschüler kommen zu Fuß zur Schule?
   Wie viele Grundschüler kommen mit dem Bus?

2 Formuliere Fragen, die zu den Ergebnissen passen.

1: Wie viele Kinder ...

a) Viele Kinder in Altlingen sind in einem Verein: 143 Kinder sind im Fußballverein. 57 Kinder sind im Tennisverein. Im Musikverein sind 12 Kinder mehr als beim Tennis.

1 200
2 69
3 269

b) Die Gemeinde Stettheim hat 2 400 weibliche und 2 350 männliche Einwohner. 700 Einwohner aus Stettheim sind noch nicht erwachsen, also noch nicht 18 Jahre alt.

1 50
2 4 750
3 4 050

3 Findet heraus.

a) Wie viele Mädchen und wie viele Jungen sind in eurer Grundschule?

b) Wie viele Einwohner hat eure Gemeinde oder Stadt?

c) Wie viele Grundschüler gibt es in eurer Gemeinde oder Stadt?

d) Wie viele Kinder und Erwachsene sind in eurem Verein?

AH 42

1 Die Kinder haben unterstrichen, was sie zum Beantworten ihrer Frage brauchen.
a) Welches Kind möchte welche Frage beantworten?

Frau Schmälzle hat am Montag ihren 2 Jahre alten Computer zur Reparatur gebracht. Im Fachgeschäft sagte man ihr, dass sie den reparierten Computer wahrscheinlich am Mittwoch wieder abholen kann. Da einige Ersatzteile bestellt werden mussten, konnte Frau Schmälzle ihren Computer erst nach 5 Tagen wieder abholen. Für die Reparatur hat der Fachmann 1 Stunde gebraucht. Hierfür berechnet das Fachgeschäft 25 € je 30 Minuten Arbeitszeit. Außerdem wurden ein neuer Lüfter zu 7,50 € und 2 Kabel zu je 5,50 € eingebaut. Auch eine neue Soundkarte für 39,90 € wurde eingesetzt.

A Wie hoch sind die Arbeitskosten insgesamt?

B An welchem Wochentag konnte Frau Schmälzle den Computer abholen?

C Wie viel kosten die benötigten Ersatzteile insgesamt?

D Wie viel kostet die Reparatur insgesamt?

E Wie lange sollte die Reparatur ursprünglich dauern?

b) Eine Frage bleibt übrig. Welche Angaben sind zum Beantworten dieser Frage wichtig?
c) Wähle 3 Fragen aus, löse sie und antworte.

2 Fatima möchte ausrechnen, wie viel Zeit sie in einem Monat für ihre Hausaufgaben braucht:

Fatima ist in der 4. Klasse und hat jeden Tag von Montag bis Freitag Hausaufgaben auf. Sie kommt immer um 13.15 Uhr von der Schule heim. Dann gibt es gleich Mittagessen. Ihre Hausaufgaben macht sie meistens gerne. Manchmal würde sie aber auch lieber draußen spielen. Am liebsten macht Fatima die Mathehausaufgaben. Damit beginnt sie gleich nach dem Mittagessen, so gegen 13.45 Uhr. Für Samstag und Sonntag gibt es keine Hausaufgaben. Sie rechnet mit 4 Wochen im Monat.

a) Welche der folgenden Informationen brauchst du, um die Aufgabe zu lösen?

A Ein Monat hat durchschnittlich 30 Tage.

B Am Tag braucht sie ungefähr 50 min für die Hausaufgaben.

C Die Hausaufgaben vom Freitag macht sie erst am Samstag.

b) Löse die Aufgabe und schreibe die Antwort.
c) Schreibe den Text kürzer. Er soll nur die Informationen enthalten, die für die Lösung der Aufgabe wichtig sind.

Mit Skizzen arbeiten

1 a) Welche Skizze passt zu welcher Aufgabe? Ordne zu.

A Frau Nehmer kauft ein T-Shirt für 15 €. Außerdem nimmt sie noch 3 Paar Socken mit und bezahlt insgesamt 27 €. Wie viel kostet ein Paar Socken?

B Im Sportunterricht springt Eric nur halb so weit wie Jens. Tom springt 24 cm weiter als Jens. Jens schafft 3,40 m. Wie weit kommt jeder von ihnen?

C Die Pferdekoppel wird neu eingezäunt. Sie ist rechteckig und 24 m lang und 12 m breit. Herr Müller setzt alle 3 Meter einen Pfosten. Wie viele Pfosten und wie viele Meter Zaun werden benötigt?

1

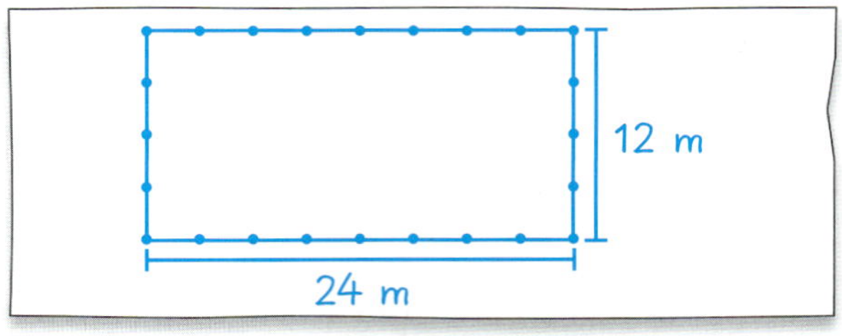

2

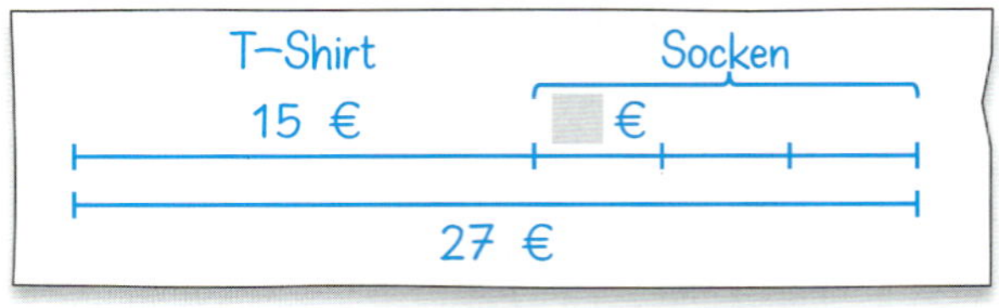

3

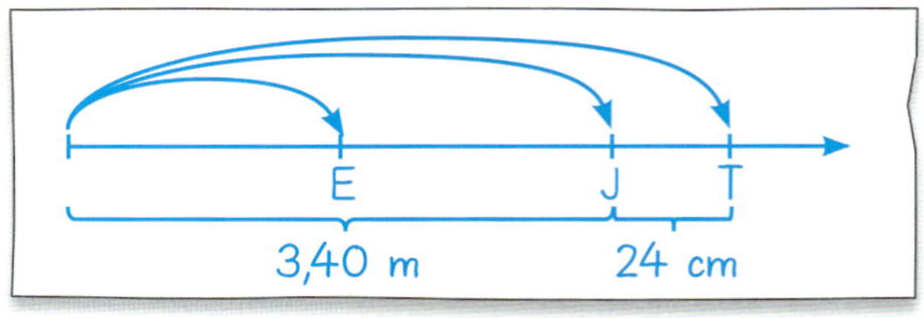

b) Löse die Aufgaben mit Hilfe der Skizzen.

2 a) Welche Skizze passt zu welcher Aufgabe? Ordne zu.

A Herr Richter zäunt ein 22 m langes und 10 m breites Grundstück ein. Er setzt alle 2 m einen Pfosten. An einer Stelle lässt er eine 2 m breite Einfahrt. Wie viele Pfosten und wie viele Meter Zaun werden benötigt?

B Beim Sport wirft Jonas den Ball 32 m weit. Felix wirft den Ball 12 m weiter als Jonas. Luis schafft 2 m weniger als Jonas. Wie weit wirft jeder von ihnen?

C Lara kauft 2 CDs für je 9 € im Sonderangebot und 4 Batterien. Sie bezahlt genau 22 €. Wie viel kostet eine Batterie?

1

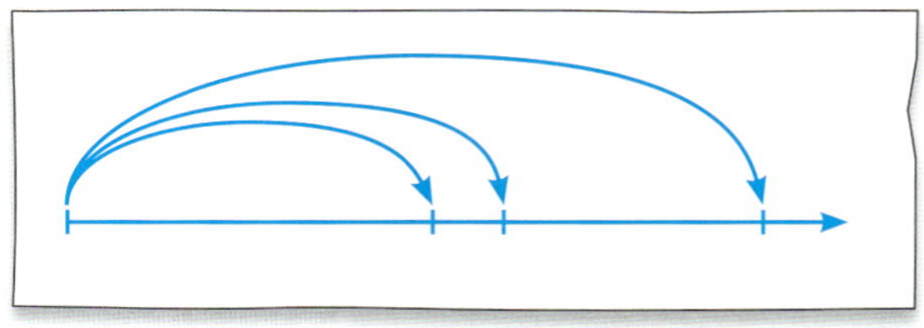

2

3

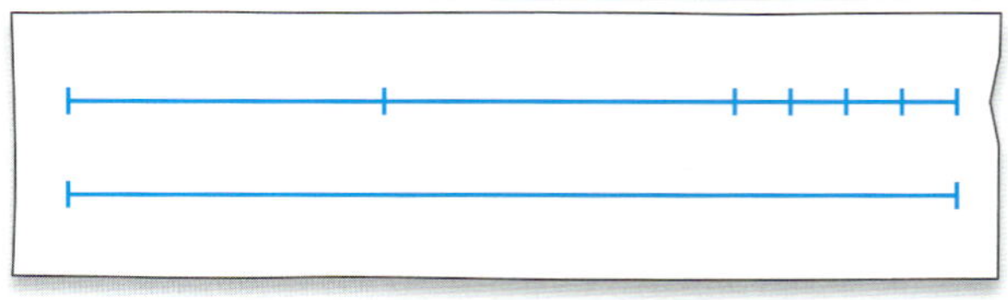

b) Übertrage in dein Heft und vervollständige die Skizzen. Löse dann die Aufgaben.

3 Zeichne eine passende Skizze und löse.

A Beim Kirschkern-Weitspucken schafft Mia 1,90 m. Lisa kommt 20 cm weiter. Bono spuckt den Kern doppelt so weit wie Mia. Wie weit spuckt jeder von ihnen?

B Herr Knapp hat eine Kiste Apfelsaft für 16 € und 6 Flaschen Orangensaft gekauft. Er bezahlt insgesamt 25 €. Wie viel hat eine Flasche Orangensaft gekostet?

C An einem 400 m langen Weg werden im Abstand von 25 m auf beiden Seiten Bäume gepflanzt. Wie viele Bäume sind es, wenn am Anfang und am Ende jeder Straßenseite ein Baum gepflanzt wird?

KV nutzen.

1

Ole interessiert sich sehr für das Wetter und misst oft die Temperatur:

Am 1. März war es 10 Grad warm.

Am 1. April waren es schon 15 Grad und am 1. Mai 20 Grad.

Wie warm wird es wohl am 1. September sein?

Tag	Temperatur	
1. März	10 °C	
1. April	15 °C	+ 5 °C
1. Mai	20 °C	+ 5 °C
1. Juni	25 °C	+ 5 °C
1. Juli	30 °C	+ 5 °C
1. August	35 °C	+ 5 °C
1. Sept.	40 °C	+ 5 °C

2 In jeder Zeile kann man bei 2 Aufgaben etwas Sinnvolles ausrechnen. Findet diese Aufgaben, löst sie und begründet.

a)

Marian geht oft mit seinen Eltern wandern. In einer halben Stunde schaffen sie ungefähr 2 km. Wie viele Kilometer schaffen sie etwa bei einer 2-stündigen Wanderung?

Jule läuft gern. Wenn sie sich im Sportunterricht richtig anstrengt, rennt sie in einer Minute 250 m. Wie weit kommt Jule ungefähr in einer Stunde?

Herr Maier schafft mit dem Rennrad durchschnittlich 30 km in einer Stunde. Am Wochenende ist er 4 Stunden gefahren. Wie viele Kilometer schaffte er ungefähr?

b)

An seinem 10. Geburtstag war David 1,38 m groß. Nun ist er 15 Jahre alt und 1,72 m groß. Wie groß wird David sein, wenn er 25 Jahre alt ist?

Lisann schneidet sich die Fingernägel alle 2 Wochen. In dieser Zeit wachsen sie etwa 2 mm. Wie oft schneidet sie die Nägel im Jahr?

Hannas Haare wachsen im Monat durchschnittlich 15 mm. Wie lange muss Hanna die Haare wachsen lassen, wenn sie 9 cm länger werden sollen?

c)

Frau Schmitt kauft ein neues Auto. Sie muss dafür im Vierteljahr 145,50 € Versicherungsbeitrag bezahlen. Wie hoch sind die Kosten für die Versicherung im Jahr?

Ein Flugzeug wiegt beim Start 79 t. Pro Flugstunde werden 3 200 kg Kerosin (Flugbenzin) verbraucht. Wie schwer ist das Flugzeug nach einem 4-stündigen Flug?

30 Sekunden nach der Abfahrt ist der ICE schon 40 km/h schnell. Nach einer Minute sind es sogar schon 80 km/h. Wie schnell ist der ICE nach 10 Minuten?

3 Wähle Sätze aus und bilde daraus 2 Sachaufgaben.
a) Eine Sachaufgabe soll lösbar sein. Schreibe sie in dein Heft und löse.
b) Eine Sachaufgabe soll sinnlos sein. Schreibe auch diese Aufgabe in dein Heft.

Jan wohnt direkt neben dem Freiberger Bahnhof.	Für den Weg braucht er 7 min.	In 15 min beginnt die Schule.	Der Zug nach Werdau fährt um 7.35 Uhr.
Jan will 5 min vor dem Unterricht in der Schule sein.	Wann muss Jan loslaufen?	Wann kommt der Zug in Werdau an?	Jetzt ist es gerade 7.30 Uhr.

Entfernungen auf der Autobahn

1 a) Findest du auf der Karte deinen Wohnort oder Städte in deinem Bundesland?

Die Streckenangaben sind immer von Nadel zu Nadel in Kilometern gemessen.

b) Suche die Stadt Chemnitz.
Wie weit ist es?
Chemnitz – Gera
Chemnitz – Leipzig
Chemnitz – Görlitz
Chemnitz – München
Chemnitz – ▢

2 Suche jeweils die Fahrstrecken. Berechne die Entfernungen.

a) Hannover–Chemnitz
b) Dresden–Hamburg
c) Flensburg–Leipzig
d) Görlitz–Frankfurt
e) Rostock–Gera
f) Leipzig–Stuttgart

3 Finde die fehlenden Städte auf der Karte.

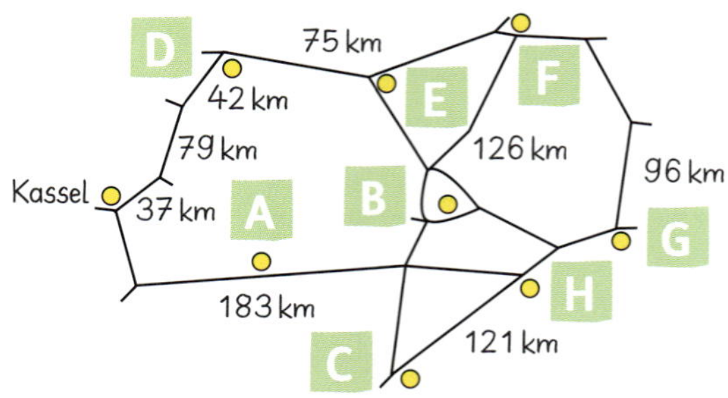

KV nutzen.

1 Der Rennsteigtunnel ist Deutschlands längster Straßentunnel. Er liegt bei Erfurt (Thüringen) und hat eine Gesamtlänge von 7,916 km.

> Das Komma trennt Kilometer und Meter.
> **7,916 km = 7 km 916 m = 7 916 m**

		km	m			
Rennsteigtunnel	7,916 km	7	9	1	6	7 916 m

Trage in eine Tabelle ein:

- Königshainer Berge (Sachsen) 3,281 km
- Tunnel Dölzschen (Sachsen) 1,070 km
- Schottenbergtunnel (Sachsen) 0,719 km
- Coschützer Tunnel (Sachsen) 2,332 km
- B 93-Tunnel Zwickau (Sachsen) 0,380 km
- Arlbergtunnel (Österreich) 13,972 km
- Gotthardtunnel (Schweiz) 16,918 km
- Lærdalstunnel (Norwegen) 24,510 km
- Neuer Elbtunnel (Hamburg) 3 325 m
- Mont-Blanc-Tunnel (Frankreich / Italien) 11 600 m

2 Schreibe in Kilometer.

2 580 m = 2,___ km

a) 2 580 m; 7 500 m; 7 050 m; 7 005 m
b) 856 m; 5 000 m; 500 m; 3 505 m
c) 3 202 m; 322 m; 32 m; 3 m

3 Schreibe in Meter.

1,250 km = ___ m

a) 1,250 km; 6,500 km; 3 km; 10 km
b) 2,406 km; 0,357 km; 0,080 km; 21 km
c) 3,333 km; 6,666 km; 5 km; 12,345 km

4

Schreibe in Kilometer und Meter.

2,4 km = 2 km 400 m

a) 2,4 km; 5,6 km; 4,75 km; 9,9 km
b) 8,7 km; 2,0 km; 0,5 km; 10,25 km
c) 0,7 km; 12,3 km; 18,7 km; 30,5 km

5 Immer 3 Kärtchen passen zusammen.

1,025 km = ___ km ___ m = ___ m

1,025 km | 12 500 m | 1,25 km | 1 km 205 m | 10 km 250 m | 1 km 250 m | 1 025 m | 1 250 m | 1 205 m | 10 250 m | 1,205 km | 10,25 km | 12,5 km | 12 km 500 m | 1 km 25 m

Bruchteile von Längen

1

!

$\frac{1}{4}$ m = 25 cm
$\frac{1}{2}$ m = 50 cm
$\frac{3}{4}$ m = 75 cm
$\frac{1}{4}$ km = 250 m
$\frac{1}{2}$ km = 500 m
$\frac{3}{4}$ km = 750 m

a) Max legt 3 (5, 7, 9) solcher Schnurstücke aneinander. Wie viele Zentimeter sind das?
b) Wie viele solcher Schnurstücke müsste man für 150 cm (3,50 m; 10 m) aneinanderlegen?

2 Schreibe in Zentimeter.

0,75 m = ▒ cm

a) 0,75 m; 1,45 m; 0,08 m; 7,50 m
b) $\frac{1}{2}$ m; $\frac{1}{4}$ m; $\frac{3}{4}$ m; $1\frac{1}{2}$ m

3 Schreibe in Meter.

125 cm = $1\frac{1}{4}$ m

a) 125 cm; 450 cm; 75 cm; 275 cm
b) 25 cm; 325 cm; 350 cm; 150 cm

4 Schreibe in Meter.

1,6 km = ▒ m

a) 1,6 km; 3,4 km; 0,4 km; 3,04 km
b) $3\frac{1}{4}$ km; $\frac{3}{4}$ km; $2\frac{1}{2}$ km; 0,001 km

5 Schreibe in Kilometer.

1500 m = $1\frac{1}{2}$ km

a) 1 500 m; 2 250 m; 750 m; 500 m
b) 250 m; 4 000 m; 3 250 m; 2 750 m

6 Ordne nach der Länge.

a) Beginne mit der kürzesten Strecke.

A	100 cm	I	$\frac{1}{2}$ m
N	0,6 m	L	250 cm
L	5 cm	E	0,75 m

b) Beginne mit der längsten Strecke.

C	0,75 km	S	$1\frac{1}{4}$ km
N	50 m	R	1 000 cm
H	$\frac{1}{2}$ km	U	25 m

7

a) Frau Fischer bereitet den Werkunterricht für die Klasse 4b vor. Sie schneidet für jedes der 20 Kinder der Klasse von einer 30 m langen Schnur $\frac{1}{2}$ m ab.
Wie lang ist die Schnur jetzt noch?

b) Fuchs und Maus laufen um die Wette.
Während der Fuchs 100 m zurücklegt, schafft die Maus nur $\frac{1}{4}$ der Strecke. Deshalb gibt der Fuchs der Maus 300 m Vorsprung.
Wie weit ist der Fuchs gelaufen, wenn er die Maus einholt?

1

! Das Komma trennt Liter und Milliliter.
2,500 l = 2 l 500 ml = 2 500 ml

Trage in eine Tabelle ein.

		l	ml			
Gießkanne	2,5 l	2	5	0	0	2 500 ml

2 Schreibe in Liter.

3 275 ml = 3, ___ l

a) 3 275 ml; 1 333 ml; 8 211 ml; 12 345 ml
b) 580 ml; 7 000 ml; 4 500 ml; 2 005 ml
c) 10 001 ml; 100 ml; 20 ml; 5 ml

3 Schreibe in Milliliter.

2,250 l = ___ ml

a) 2,250 l; 1,755 l; 6,300 l; 22,222 l
b) 7,5 l; 3,75 l; 9,33 l; 1,03 l
c) 0,009 l; 10,001 l; 0,02 l; 50,5 l

4 Immer ein gelbes und ein blaues Kärtchen ergeben zusammen einen Liter.

600 ml + 0,___ l = 1 l

600 ml | $\frac{3}{4}$ l | 0,2 l | 670 ml | $\frac{3}{4}$ l | $\frac{1}{4}$ l | 0,4 l | $\frac{1}{4}$ l | 0,5 l | 0,75 l | 0,25 l | 800 ml | 0,33 l | $\frac{1}{2}$ l

5

Kürbissuppe Kleiner Vampir
(für 12 Personen)
1 Kürbis (1 kg Kürbisfleisch)
1 Würfel Gemüsebrühe
250 g Frischkäse mit Kräutern
$\frac{1}{2}$ l süße Sahne
Curry
1 Prise Salz und Pfeffer

Den Kürbis oben aufschneiden. Das Fruchtfleisch herausschälen. Den Brühwürfel in $\frac{1}{2}$ l heißem Wasser auflösen. Das Kürbisfleisch hinzugeben und kochen, bis die Suppe cremig wird (evtl. pürieren). Danach den Frischkäse und die Sahne unter die Suppe rühren. Mit den Gewürzen abschmecken.

Milchshake
(für 2 Personen)
1 Banane
5 EL Joghurt
1 Päckchen Vanillinzucker
$\frac{1}{2}$ l Milch

Die Banane schälen und in Stücke schneiden. Die Stücke in einem hohen Becher pürieren. Den Joghurt, die Milch und den Vanillinzucker dazugeben und noch einmal quirlen. Den Shake in 2 Gläser füllen.

a) Jedes Rezept soll für 24 Kinder zubereitet werden. Wie viel benötigt man?
b) Die Klasse 4b will auch Kürbissuppe kochen. In diese Klasse gehen nur 18 Kinder. Wie viel benötigt die Klasse 4b?

1 35–36

a) Woran erkennst du, ob ein Viereck ein Trapez ist?
b) Welche anderen Vierecksformen sind auch Trapeze? Begründe.
c) Zeichne 3 verschiedene Trapeze auf Gitterpapier.
d) Zeichne 3 verschiedene Trapeze mit dem Geodreieck auf weißes Papier.

2 38–39

Bestimme den Flächeninhalt der Figuren in Zentimeterquadraten und den Umfang der Figuren in Zentimetern.

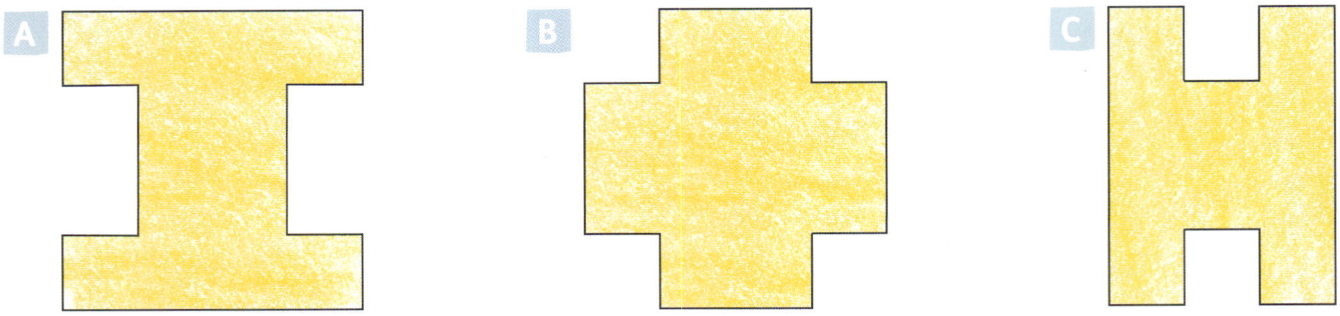

3 46–47 Q

Rechne schriftlich.

a)		b)		c)	
4 526 + 3 238	24	5 753 − 3 426	14	6 382 + 2 657 + 9 014	17
7 625 + 5 432	16	4 285 − 3 195	10	3 491 + 5 908 + 4 263	18
34 864 + 53 831	36	65 829 − 56 867	25	7 566 − 3 109 − 1 842	14
72 084 + 9 857	23	87 130 − 8 438	32	9 120 − 2 743 − 5 508	23
56 009 + 38 976	35	43 500 − 34 174	20	8 074 − 4 364 − 3 199	7

4 51

a)
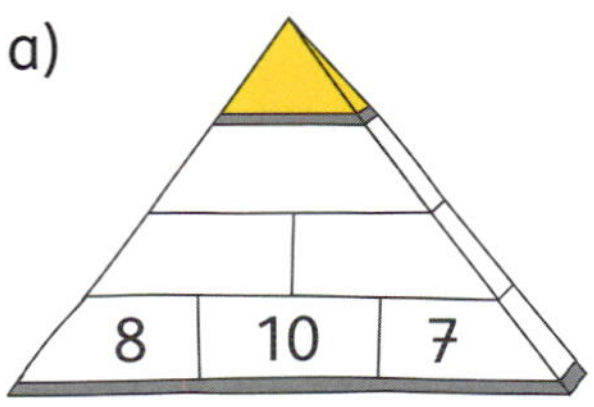

b)
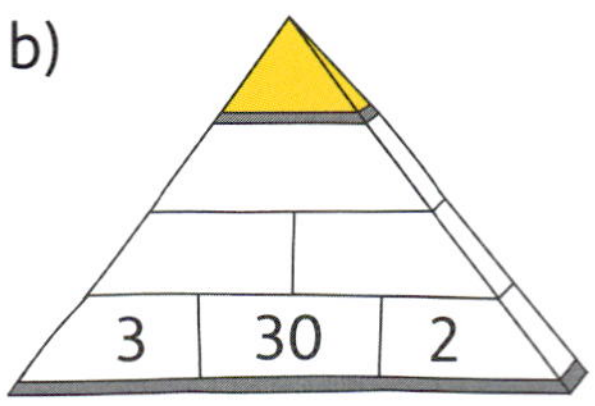

c)
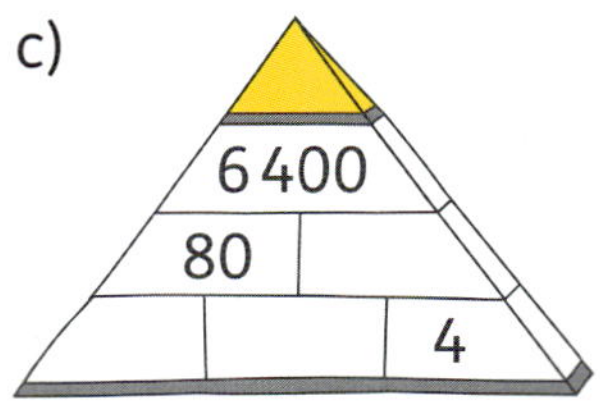

d)
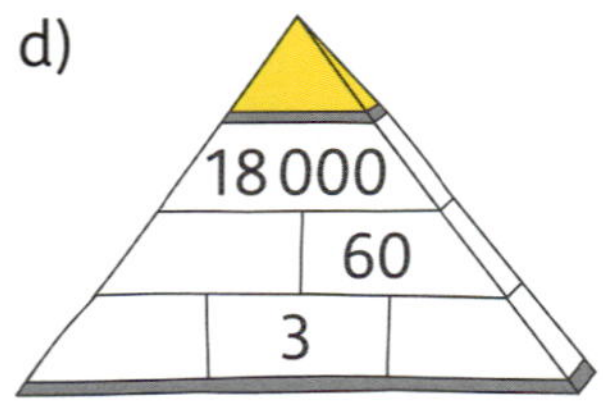

5 54

Formuliere Fragen, die zu den Ergebnissen passen.

a) In der Musikschule Dreiklang spielen 42 Kinder Klavier und 73 Kinder Blockflöte. Gitarre spielen 14 Kinder weniger als Klavier.

A 115
B 28
C 143

b) Die Kinder der Grundschule am See führen eine Verkehrszählung in ihrem Ort durch. Sie zählen rund 2 350 PKW, 1 250 LKW und 200 Zweiräder. Von den 200 Zweirädern waren etwa 70 motorisiert.

A 1 100
B 3 800
C 3 730

6 59–60

Schreibe in Meter.

a) 3,7 km; 6,6 km; 0,6 km; 6,06 km
b) 350 cm; 60 cm; 125 cm; 7 cm
c) $6\frac{1}{2}$ km; 0,007 km; 37 km; $\frac{3}{4}$ km
d) 150 cm; 525 cm; 30 cm; 975 cm

AH 49 KV 9–10, 35, 89–91

1 Finde Rechenfehler und korrigiere sie.

12

284 · 3 = 852	159 · 4 = 632	376 · 2 = 752	108 · 8 = 864	195 · 5 = 1075
236 · 4 = 844	127 · 7 = 889	293 · 3 = 889	485 · 2 = 970	319 · 3 = 957

2 Was gehört zusammen? Ordne zu.

Kl. 3

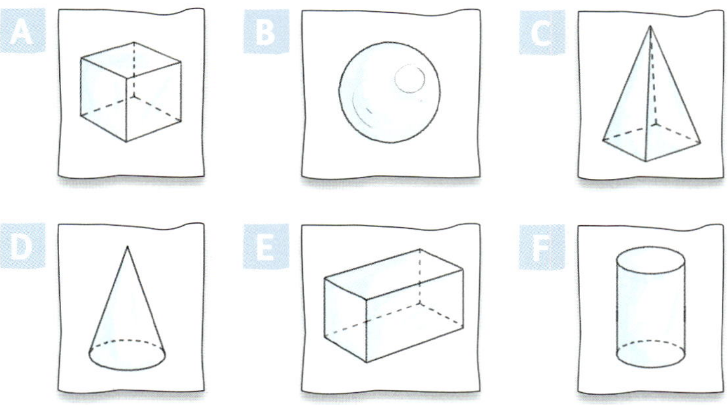

1 nur eine Fläche
2 5 Flächen
3 nur 2 Flächen
4 6 gleiche Flächen
5 nur 2 Kanten
6 genau 12 Kanten

3 Nur 3 der Netze sind Würfelnetze.

Kl. 3

a) Untersuche: Falte sie dazu in der Vorstellung zu einem Würfel zusammen.

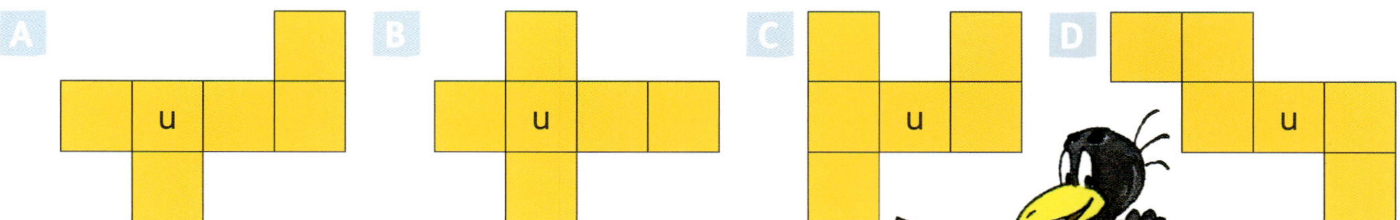

b) Zeichne die 3 Würfelnetze auf Karopapier.
Beschrifte sie mit u, o, v, h, l, r.

c) Schneide die Würfelnetze aus. Überprüfe durch Falten.

4 Stelle das Gewicht fest.

Kl. 3

a)

b)

c)

5 Ordne nach dem Gewicht. Beginne mit dem leichtesten.

Kl. 3

a) 5 kg; 550 g; 55 kg; 550 kg; 5 g

b) 350 g; 35 kg; 35 g; 305 kg; 53 kg

c) 909 g; 990 g; 991 kg; 9 kg; 900 g

d) 44 kg; 404 g; 440 kg; 400 g; 40 kg

1 Deutschland hat 16 Bundesländer. Hier sind einige Zahlen:

STECKBRIEF
Berlin

Einwohnerzahl:	3 469 849
Fläche in km²:	892 km²
Hauptstadt:	Berlin

STECKBRIEF
Thüringen

Einwohnerzahl:	2 156 759
Fläche in km²:	16 202 km²
Hauptstadt:	Erfurt
Einwohner:	206 219

STECKBRIEF
Sachsen

Einwohnerzahl:	4 055 274
Fläche in km²:	18 420 km²
Hauptstadt:	Dresden
Einwohner:	536 308

a) Schreibt für andere Bundesländer auch solche Steckbriefe.
b) Findet noch andere große Zahlen von eurem Bundesland.

2 Trage die Zahlen der Steckbriefe in eine Stellenwerttafel ein. Schreibe sie verschieden auf.

M	HT	ZT	T	H	Z	E
3	4	6	9	8	4	9

Berlin

3M + 4HT + 6ZT + 9T + 8H + 4Z + 9E
3 000 000 + 400 000 + 60 000 + 9 000 + 800 + 40 + 9 = 3 469 849

drei Millionen vierhundertneunundsechzigtausendachthundertneunundvierzig

AH 50 KV 51–52

1 a) Die Kinder der Klasse 4 wollen eine Million verschieden darstellen.

b) Wie stellst du eine Million dar?

Million	Hunderttausender	Zehntausender	Tausender	Hunderter	Zehner	Einer
1 000 000	100 000	10 000	1 000	100	10	1
1 M = ▢ HT	1 HT = ▢ ZT	1 ZT = ▢ T	1 T = ▢ H	1 H = ▢ Z	1 Z = ▢ E	1 E

2 Wie heißen die Zahlen? Zerlege sie. 473 861 = 400 000 + 70 000 + ▢

a)

HT	ZT	T	H	Z	E
4	7	3	8	6	1

b)

HT	ZT	T	H	Z	E
2	5	9	7	8	4

c)

HT	ZT	T	H	Z	E
8	1	4	9	2	5

d)

HT	ZT	T	H	Z	E
3	0	7	2	4	0

e)

HT	ZT	T	H	Z	E
5	2	0	3	0	6

f)

HT	ZT	T	H	Z	E
7	4	0	0	0	3

g)

E	ZT	Z	H	T	HT
2	9	3	1	5	6

h)

H	E	ZT	HT	Z
4	8	3	9	7

i)

T	HT	Z
6	1	5

3 Lies deinem Partner vor. Er schreibt die Ziffern auf.

einhundertsiebenundzwanzigtausendvierhundertneunundsiebzig

vierhundertneunundachtzigtausendfünfhundertzweiunddreißig

zweihundertsechsundsechzigtausendsiebenhundertsechsundzwanzig

fünfhundertachtundneunzigtausendfünfhundertachtundneunzig

drei Millionen dreihundertvierzigtausendachthundertsieben

Zahlenstrahl bis 1 000 000

1

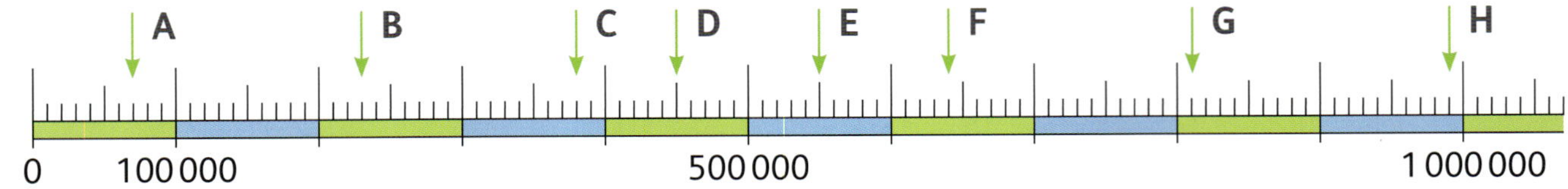

a) In welchen Schritten sind die Zahlen am Zahlenstrahl dargestellt?

b) Zeige deinem Partner am Zahlenstrahl:
- alle Hunderttausenderzahlen,
- alle Zehntausenderzahlen von 200 000 bis 300 000, von 700 000 bis 800 000,
- weitere Zahlen.

c) Wie heißen die Zahlen an den grünen Pfeilen?

2

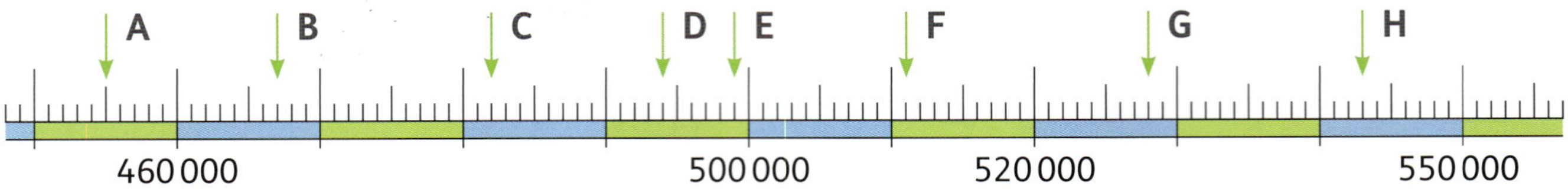

a) In welchen Schritten sind die Zahlen am Zahlenstrahl dargestellt?

b) Zeige deinem Partner am Zahlenstrahl:
- alle Zehntausenderzahlen,
- alle Tausenderzahlen von 480 000 bis 490 000, von 530 000 bis 540 000,
- weitere Zahlen.

c) Wie heißen die Zahlen an den grünen Pfeilen?

3 Setze <, > oder = ein.

a) 165 749 ◯ 156 947
434 681 ◯ 436 481
218 399 ◯ 218 399
549 128 ◯ 549 218

b) 381 632 ◯ 381 623
907 715 ◯ 970 157
640 284 ◯ 640 294
100 509 ◯ 100 508

c) 704 704 ◯ 740 470
260 283 ◯ 260 283
99 907 ◯ 999 790
851 851 ◯ 86 861

4 Ordne die Zahlen nach der Größe. Beginne mit

a) der kleinsten Zahl,

876 543 | 867 345 | 876 345
867 534 | 876 435 | 867 453

b) der größten Zahl.

123 456 | 132 465 | 123 564
132 456 | 123 645 | 132 546

5 Setze jeweils um 4 Zahlen fort.

a) 147 375 → 149 375 → 151 375 → 153 375 → ______

b) 481 560 → 481 360 → 480 660 → 480 460 → 479 760

c) 709 253 → 699 253 → 749 253 → 739 253 → 789 253

5 KV nutzen.

1

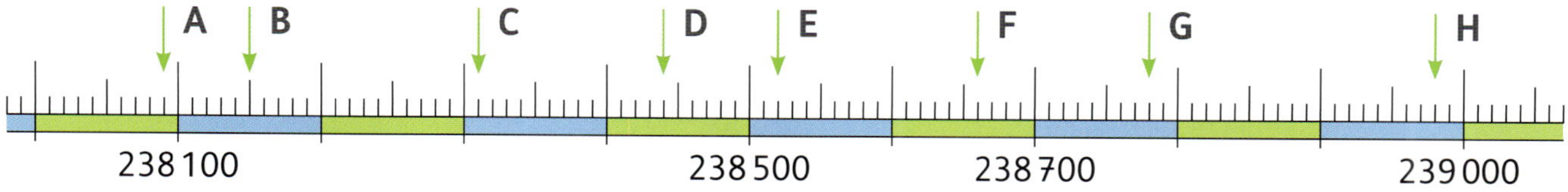

a) In welchen Schritten sind die Zahlen am Zahlenstrahl dargestellt?

b) Zeige deinem Partner am Zahlenstrahl:
- alle Hunderterzahlen,
- alle Zehnerzahlen von 238 200 bis 238 300, von 238 800 bis 238 900,
- weitere Zahlen.

c) Wie heißen die Zahlen an den grünen Pfeilen?

2

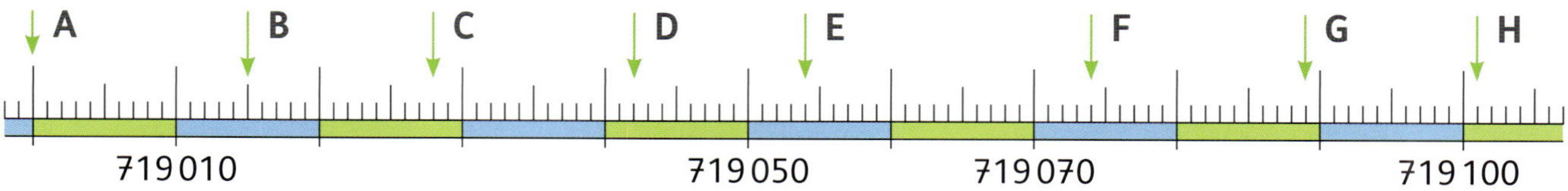

a) In welchen Schritten sind die Zahlen am Zahlenstrahl dargestellt?

b) Zeige deinem Partner am Zahlenstrahl:
- alle Zehnerzahlen,
- alle Zahlen von 719 040 bis 719 050, von 719 090 bis 719 100,
- weitere Zahlen.

c) Wie heißen die Zahlen an den grünen Pfeilen?

3 a) Schreibe Steckbriefe.

254 679

Vorgänger:	Nachfolger:
254 678	254 680
Nachbarzehner:	
Nachbarhunderter:	
Nachbartausender:	
Nachbarzehntausender:	

254 679

108 319

615 100

380 126

901 420

499 999

b) Hier sind Ausschnitte aus Steckbriefen. Für welche Zahlen könnten die Steckbriefe geschrieben sein?

Vorgänger:	Nachfolger:
314 508	314 510

Vorgänger:	Nachfolger:
	600 000

Nachbarzehner:	
707 480	707 490

Nachbarzehner:	
212 990	

Nachbartausender:	
535 000	536 000

Nachbartausender:	
	1 000 000

4 a) Runde auf Zehner:

526 184	382 617
148 025	799 593
600 302	419 998

b) Runde auf Tausender:

526 184	382 617
860 719	969 080
121 523	299 805

c) Runde auf Zehntausender:

526 184	382 617
174 965	495 003
996 032	709 886

3 KV nutzen.

1

2

Eric	Lucy	Emil	Trax
160 000 +	379 827 +	956 713 −	845 000 −
8	6	4	5
80	60	40	50
800	600	400	500
8 000	6 000	4 000	5 000
80 000	60 000	40 000	50 000

3 Schreibe untereinander und rechne schriftlich.

Q

a) 168 048 + 767 866 31
447 681 + 286 813 31
579 830 + 109 799 40
606 506 + 314 025 20
263 828 + 400 309 27

b) 559 437 − 171 362 31
682 919 − 258 723 26
707 560 − 435 841 27
958 062 − 807 905 19
806 507 − 240 018 38

c) 145 709 + 61 892 + 302 473 17
410 684 − 32 585 − 196 048 17
267 006 − 57 107 − 80 254 27
899 901 + 6 999 + 29 096 41
724 857 − 5 368 − 71 939 27

4 Setze jeweils um 4 Zahlen fort.

a) 125 890 → 125 960 → 126 030 → 126 100 → ☐

b) 243 280 → 243 220 → 243 160 → 243 100 → ☐

c) 671 425 → 701 425 → 731 425 → 761 425 → ☐

d) 339 765 → 399 765 → 359 765 → 419 765 → 379 765

e) 518 649 → 520 649 → 520 149 → 522 149 → 521 649

4 KV nutzen.

1

2

Eric	Lucy	Emil	Trax
5 ·	13 ·	280 000 :	950 000 :
8	6	4	5
80	60	40	50
800	600	400	500
8 000	6 000	4 000	5 000
80 000	60 000	40 000	50 000

3

a)
5 · 30 000
50 · 3 000
500 · 300

7 000 · 60
700 · 600
70 · 6 000

b)
4 · 90 000
400 · 90
4 000 · 9

3 000 · 7
300 · 70
30 · 7 000

c)
5 600 : 800
56 000 : 8 000
560 000 : 80 000

540 000 : 60 000
540 000 : 600
540 000 : 6

d)
420 000 : 70 000
420 000 : 7 000
42 000 : 700

630 000 : 90
630 000 : 9 000
630 000 : 90 000

4 a)

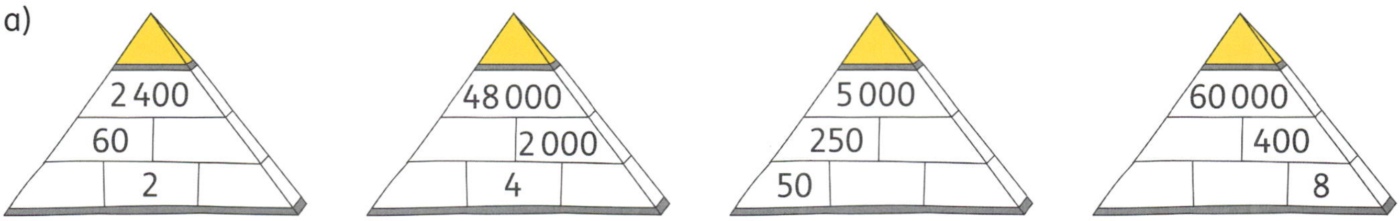

b) Löse durch Probieren.

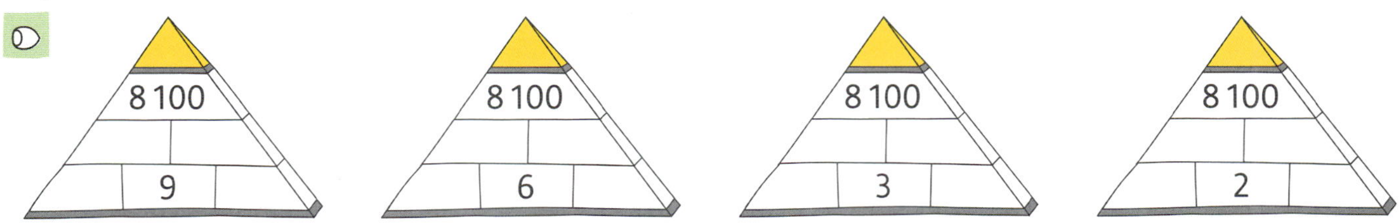

1

2 Rechne schriftlich.

a) 463 · 2 *17*
179 · 4 *14*
508 · 3 *12*
397 · 2 *20*
383 · 3 *15*

b) 4 398 · 2 *30*
2 257 · 3 *21*
3 163 · 4 *16*
5 479 · 2 *23*
1 186 · 5 *17*

c) 7 256 · 6 *21*
8 604 · 8 *27*
9 438 · 9 *27*
9 076 · 7 *19*
6 797 · 8 *25*

d) 38 426 · 5 *16*
67 083 · 6 *27*
95 538 · 8 *24*
86 009 · 7 *17*
79 687 · 9 *27*

3

a) 3 2 3 ● · 3 = 9 6 ● 3

b) ● 4 3 4 · 2 = 8 ● 6 8

c) 1 5 2 ● · 4 = ● 0 9 2

d) ● 5 6 4 · 5 = 4 2 8 ● 0

e) 2 ● 8 7 · 7 = 1 4 ● 0 9

f) 1 5 3 ● · 9 = 1 ● 7 8 8

g) ● 7 0 8 · ● = 2 1 6 6 4

h) 7 3 ● 0 · 6 = ● 4 3 4 0

i) 7 ● 9 6 · ● = ● 8 7 8 4

j) 2 8 ● 9 · 9 = ● 5 2 8 ●

4 Bei den Heimspielen des FC Bayern München in der Fußball-Bundesliga können 75 000 Zuschauer im Stadion sein. Bei Spielen in der Champions League stehen in der Allianz Arena 67 812 Sitzplätze zur Verfügung. Bei den letzten 3 Spielen in der Champions League waren jeweils alle Plätze im Stadion besetzt.

a) Wie viele Zuschauer finden bei 3 ausverkauften Bundesligaspielen Platz?
b) Wie viele Zuschauer waren bei den 3 Spielen in der Champion League insgesamt im Stadion?
c) Berechne den Unterschied und vergleiche.

1

Überschlage zuerst. Rechne dann genau. Vergleiche die Ergebnisse mit dem Überschlag.

a)	b)	c)	d)	e)
798 · 2	137 · 6	4 543 · 3	14 512 · 2	82 895 · 4
534 · 5	423 · 7	8 012 · 7	22 823 · 3	75 006 · 8
216 · 3	995 · 8	6 735 · 9	50 731 · 5	12 682 · 7
307 · 4	249 · 2	2 060 · 4	19 023 · 6	90 705 · 9

2 Löse mit dem Überschlag.

a) Liegt das Ergebnis zwischen 3 000 und 4 000?

387 · 9
1 063 · 4
794 · 5
1 829 · 2
958 · 3

b) Liegt das Ergebnis näher bei 5 000 oder bei 6 000?

2889 · 2
1 945 · 3
734 · 7
1 326 · 4
692 · 9

c) Liegt das Ergebnis näher bei 40 000 oder bei 50 000?

13 927 · 3
5 479 · 8
23 508 · 2
7 165 · 6
9014 · 5

3 Finde Rechenfehler und korrigiere sie.

a) 997 · 7 = 6 972	b) 316 · 5 = 1 580	c) 782 · 4 = 2 428	d) 948 · 6 = 5 888	e) 753 · 7 = 5 271
f) 9 873 · 5 = 49 365	g) 4 067 · 9 = 32 603	h) 8 902 · 4 = 32 368	i) 6 271 · 6 = 37 626	j) 7 804 · 2 = 1 608
k) 39 874 · 2 = 80 748	l) 60 377 · 3 = 181 131	m) 46 329 · 2 = 92 659	n) 30 423 · 9 = 273 807	o) 39 552 · 7 = 320 116

Wie rechnest du?

1 a) Entscheide, wie du rechnest.

b) Erfinde für jeden Briefkasten noch 3 weitere Aufgaben.

2 Wie rechnest du hier? Entscheide bei jeder Aufgabe neu.

122 · 4	20	8 · 3 807	18	1 083 · 5	15
139 · 5	20	9 · 5 500	18	4 121 · 3	15
2 314 · 2	20	4 · 5 391	18	20 441 · 3	15
1 985 · 4	20	2 · 14 004	18	13 522 · 6	15
3 685 · 5	20	3 · 6 060	18	10 101 · 5	15

3 Löse das Trax-Quiz. Welches der 3 Ergebnisse ist jeweils richtig?

a) Du erhältst meine Zahl, wenn du 1 456 mit 5 multiplizierst.

b) Du erhältst meine Zahl, wenn du 7 mit 1 039 multiplizierst.

c) Du erhältst meine Zahl, wenn du 6 mit 1 234 multiplizierst.

d) Du erhältst meine Zahl, wenn du 789 mit 9 multiplizierst.

e) Du erhältst meine Zahl, wenn du das Doppelte von 888 mit der Hälfte von 8 multiplizierst.

f) Du erhältst meine Zahl, wenn du die Hälfte von 6 mit dem 6-Fachen von 416 multiplizierst.

1 Anton und Emma kaufen für eine Party mit ihren Freunden 6 Flaschen Orangensaft. Sie berechnen den Preis.

2 Berechne jeweils den Preis.

a) 4 Becher rote Grütze

b) 3 Packungen Salzstangen

c) 5 Becher Joghurt

d) 2 Beutel Orangen, 2 x Cornflakes

e) 4 x Pizza, 3 x Joghurt

f) 4 x Joghurt, 3 x Pizza, 1 x O.-saft

g) 3 x Cornflakes, 8 x Orangensaft, 1 Beutel Orangen

h) 5 x Grütze, 3 x Joghurt, 2 x Pizza

i) 3 Beutel Orangen, 6 x Salzstangen, 4 x Cornflakes

j) Was kaufst du? Wähle aus. Rechne.

3 Überschlage und rechne schriftlich.

a)	b)	c)	d)
3,12 € · 4	18,49 € · 2	90,55 € · 3	8 · 210,29 €
5,82 € · 3	26,54 € · 7	77,48 € · 8	9 · 603,15 €
4,99 € · 5	52,08 € · 4	60,05 € · 6	2 · 429,09 €
2,07 € · 6	44,26 € · 9	85,50 € · 5	7 · 597,88 €

4 Wie viel Geld kannst du jeweils bei den Sonderangeboten sparen?

5 nur 25,90 €

5 nur 9,98 €

3 nur 17,49 €

10 nur 15,15 €

4 nur 28,50 €

1 a) Lisa, Mia und Nicole sind beim Weitsprung. Lisa springt 10 cm weiter als Mia. Nicoles Sprung war 6 cm weiter als der von Mia. Addiert man die 3 Sprünge, kommt man auf 7,90 m.
Wie weit ist jedes Mädchen gesprungen?

Löse mit Hilfe einer Tabelle.

F: Wie weit ist jedes Mädchen gesprungen?

(Lisa +10 cm gegenüber Mia; Nicole +6 cm gegenüber Mia)

L:	Lisa	Mia	Nicole	zusammen	
	2,10 m	2,00 m	2,06 m	6,16 m	f

Wenn Mia 2,00 m gesprungen ist, dann hätte Lisa 2,10 m geschafft und Nicole 2,06 m. Insgesamt wären es dann aber nur 6,16 m ...

b) Addiert man die Körpergrößen von Jonas, David und Lasse, erhält man 4,29 m. Jonas ist genau 12 cm kleiner als David. Am größten ist Lasse. Er ist 6 cm größer als David.
Wie groß ist jeder von ihnen?

c) Jule, Tom und Max haben auf dem Flohmarkt verkauft. Tom hat 2,63 € mehr als Jule eingenommen. Max hat sogar 13,35 € mehr als Jule. Insgesamt haben sie 38,48 € eingenommen.
Wie viel Geld hat jeder von ihnen erhalten?

2 a) Auf dem Bauernhof laufen Schafe und Hühner frei herum. Zusammen haben die Tiere 80 Beine.
Es gibt dreimal so viele Hühner, wie es Schafe gibt.
Wie viele Tiere gibt es jeweils?

Löse mit Hilfe einer Tabelle.

F: Wie viele Tiere gibt es jeweils?

(Hühner = Schafe · 3)

L:	Schafe	Hühner	zusammen	
	1 → 4 B	3 → 6 B	10 B	f
	2 → B	6 → B	B	

b) Frau Müller züchtet Kaninchen und Wellensittiche. Sie hat momentan doppelt so viele Kaninchen wie Wellensittiche. Zusammen haben die Tiere 90 Beine.
Wie viele Tiere gibt es jeweils?

c) Auf dem Hundeplatz sind Hunde und ihre Herrchen. Es gibt 3 Hunde mehr als es Herrchen gibt. Insgesamt stehen auf dem Hundeplatz 84 Beine.
Wie viele Menschen und wie viele Hunde sind auf dem Hundeplatz?

3 Erstelle eine passende Tabelle und löse.

a) An die Grundschule am See werden Doppeltische und Einzeltische geliefert. Die Möbelpacker laden 20 Einzeltische mehr als Doppeltische aus dem Lieferwagen. An den neuen Tischen können insgesamt 95 Kinder sitzen.
Wie viele Einzeltische und wie viele Doppeltische werden geliefert?

b) Alina hat mit dem Kilometerzähler ermittelt, wie weit sie am Wochenende mit dem Rad unterwegs war. Am Samstag fuhr sie 9,4 km mehr als am Freitag. Sonntags fuhr sie 5,1 km weniger als am Samstag. Insgesamt ist sie 26,9 km gefahren.
Wie viele Kilometer fuhr Alina an den einzelnen Tagen?

1 a) Mit welcher Gleichung kannst du die Aufgaben lösen? Begründe.

1 Für die Schulband werden 5 blaue und 4 rote T-Shirts bedruckt. Jedes T-Shirt kostet 18 €. Wie teuer sind die T-Shirts insgesamt?

2 Louis bestellt für seinen Drucker 5 Tintenpatronen für je 18 €. Für den Versand der Ware werden einmal 4 € berechnet. Wie viel muss Louis bezahlen?

3 Eine Eintrittskarte für den Freizeitpark kostet 18 €. Wenn man eine 5er-Karte kauft, spart man insgesamt 4 €. Wie viel kostet eine 5er-Karte für den Freizeitpark?

A $18 \cdot 5 + 4 =$ ☐

B $18 \cdot (5 + 4) =$ ☐

C $18 \cdot 5 - 4 =$ ☐

4 Im Kindertheater hat jede Sitzreihe 18 Plätze. 5 Reihen sind bereits besetzt. In einer Reihe davon sind noch 4 Plätze frei. Wie viele Plätze sind besetzt?

5 Im Kindertheater hat jede Sitzreihe 18 Plätze. 5 Reihen sind von einer Grundschule besetzt und 4 weitere Reihen von einem Kindergarten. Wie viele Plätze sind besetzt?

6 Im Kindertheater hat jede Sitzreihe 18 Plätze. 5 Reihen sind bereits komplett belegt. In einer weiteren Reihe sind erst 4 Plätze belegt. Wie viele Plätze sind besetzt?

b) Wähle 3 Aufgaben. Löse und antworte.

2 Welche Kinder haben richtig überlegt? Erkläre.

Die Klassen 4a (22 Kinder) und 4b (21 Kinder) machen einen gemeinsamen Ausflug ins Naturkundemuseum. Für den Eintritt muss jedes Kind 4 € bezahlen. Die Busfahrt kostet für jedes Kind 3 €. Wie viel Geld muss insgesamt von den Kindern für den Ausflug eingesammelt werden?

Sina:
$22 + 21 = 43$
$4\,€ + 3\,€ = 7\,€$
$43 \cdot 7\,€ =$ ☐ €

Alex:
$(22 + 21) \cdot (4\,€ + 3\,€) =$ ☐ €

Sarah:
$(22 + 21) \cdot 4\,€ + 3\,€ =$ ☐ €

Eric:
$4\,€ + 3\,€ = 7\,€$ $22 \cdot 7\,€ = 154\,€$ $21 \cdot 7\,€ = 147\,€$
$154\,€ + 147\,€ =$ ☐ €

3 Wähle Rechnungen und schreibe passende Rechengeschichten dazu.

$360 : 40$	$22 \cdot 6 + 10$	$220 : (6 + 4)$
$459 : 9$	$180 : 2 + 30$	$(16 + 17) \cdot 5$
$7 \cdot 321$	$8 + 5 \cdot 10$	$(25 + 20) \cdot (5 + 2)$

1 Welche beiden Körper passen jeweils nicht in die Reihe? Begründe.

a) 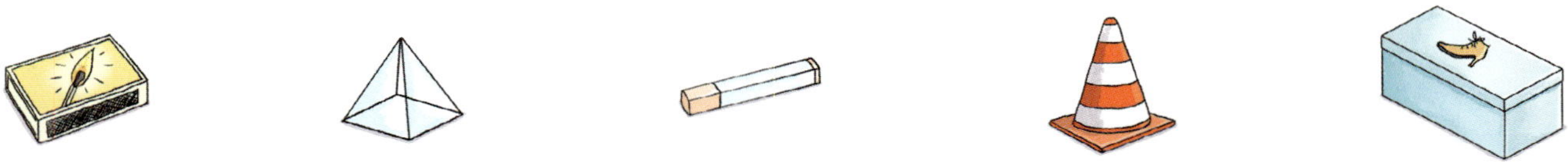

b) 

c) 

d) 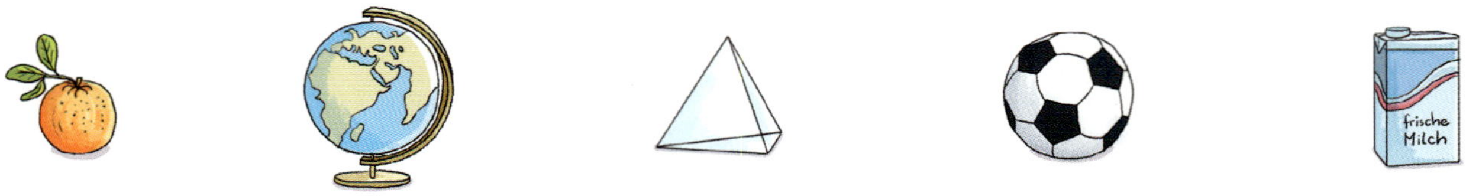

2 Spielt das Körperquiz. Antwortet nur mit ja oder nein.

3 Immer 2 Körper ergeben zusammengesetzt einen Quader. Ordne zu.

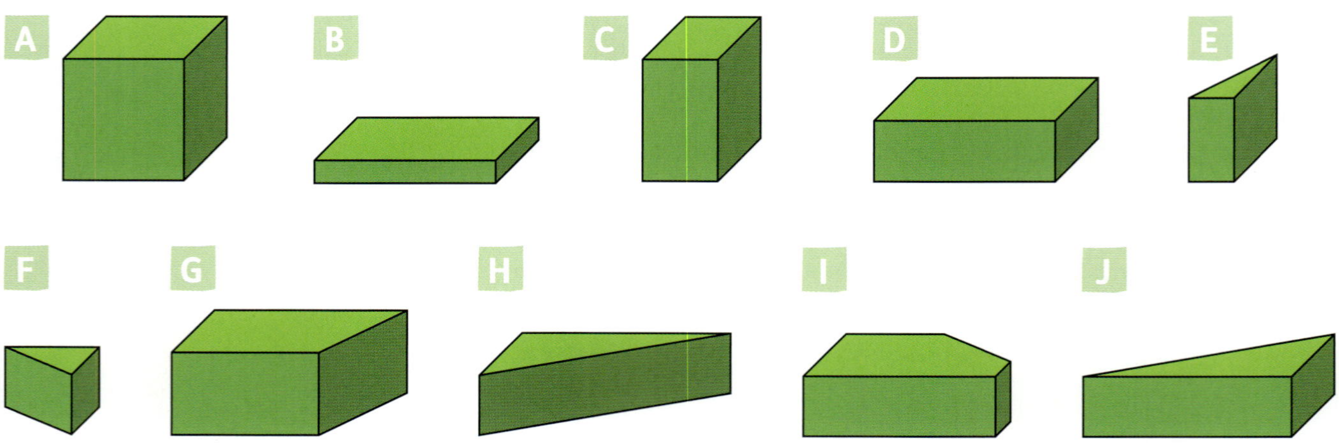

1 Ein Käfer will auf den Holzstangen zur gelben Ecke krabbeln. Beschreibe seinen Weg mit den Richtungsangaben: nach **o**ben, **u**nten, **r**echts, **l**inks, **h**inten, **v**orn.

a)

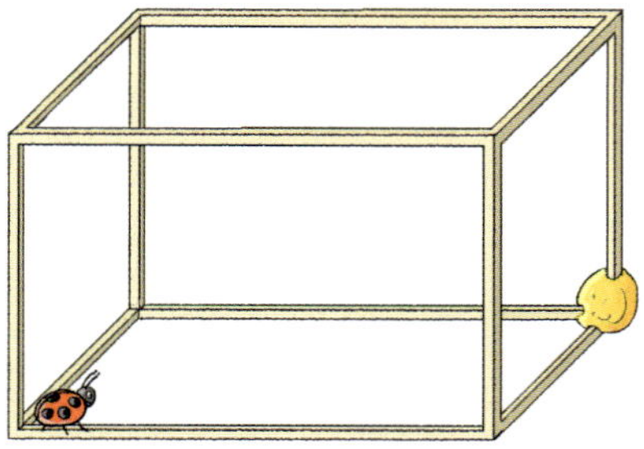

b)

c)

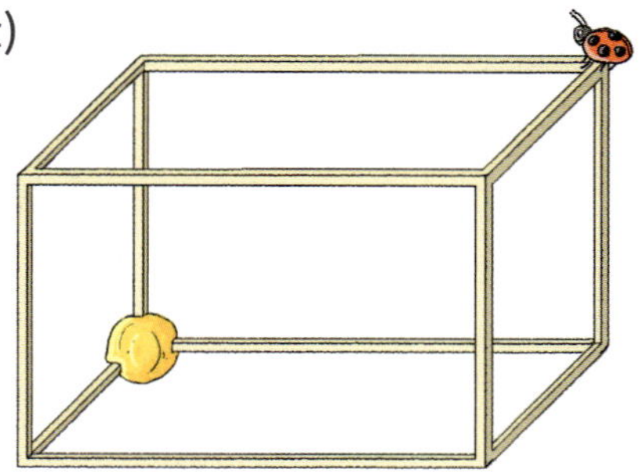

2 a) Ein Käfer will alle Quaderecken genau einmal erreichen.
- Wie lang ist der rot gekennzeichnete Weg von A nach B?
- Finde den kürzesten Weg von A nach B.
- Finde den längsten Weg von A nach B.

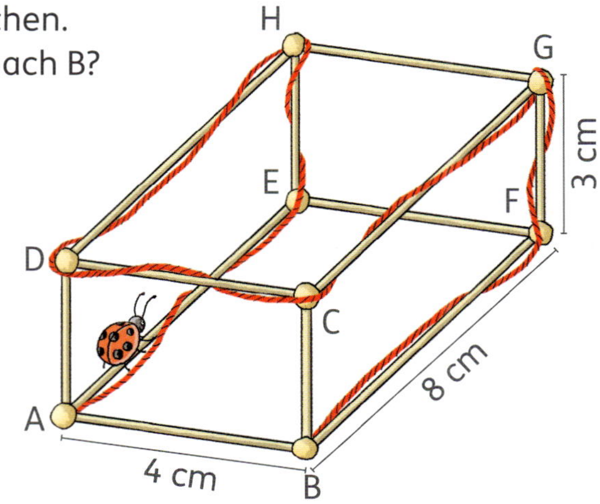

b) Der Käfer startet immer bei A.

Er krabbelt nach oben – nach rechts – nach hinten – nach unten – nach links.

Wo kommt er an?

Jetzt krabbelt er: o – h – r – v – u – l.

Stelle deinem Partner weitere Aufgaben.

3 Ergänze jedes Gebäude mit möglichst wenigen Würfeln zu einem Quader.
Wie viele Würfel benötigst du mindestens?

A

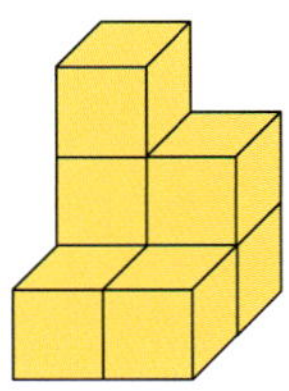

B

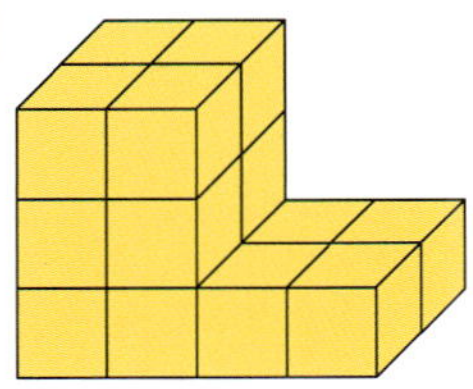

C

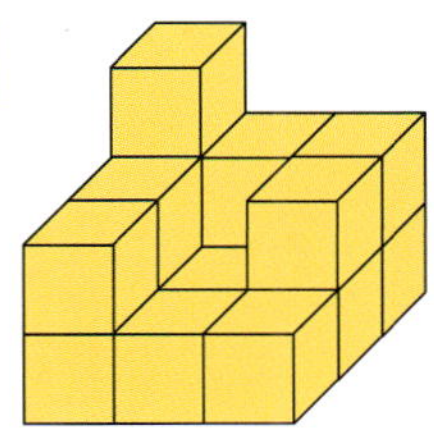

D

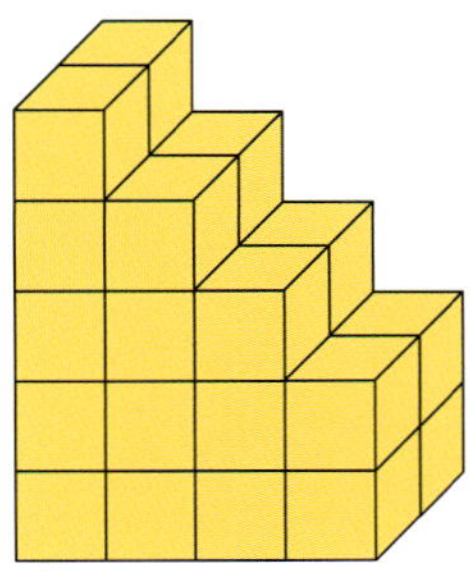

E

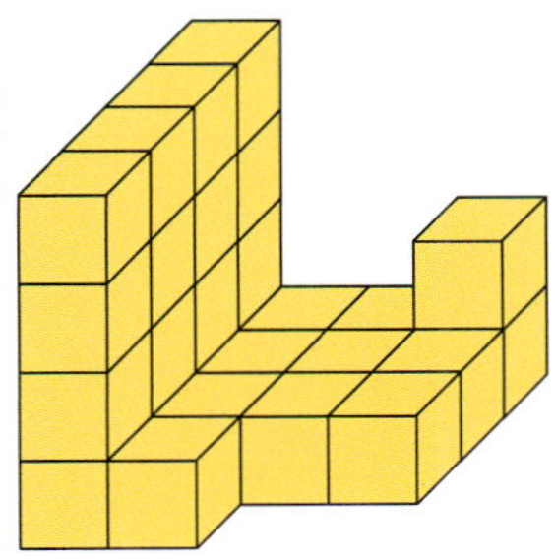

F

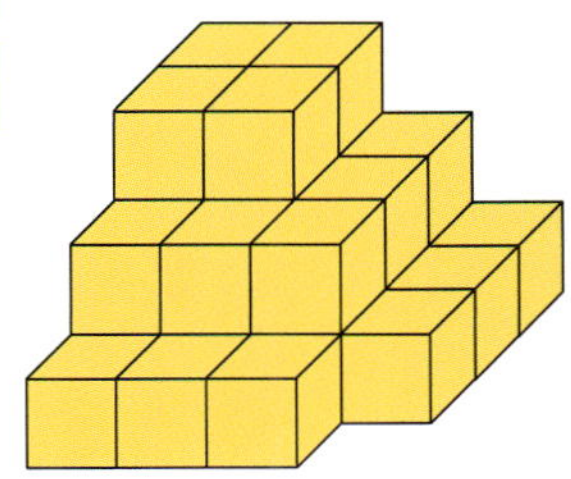

Quader kippen

1

2 Kippe und beschreibe den Weg. Starte bei Trax. Welche Fläche liegt am Ende oben?

a)

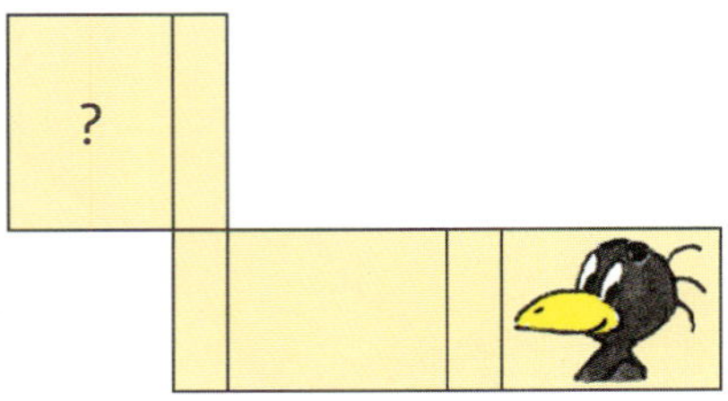

b)

c)

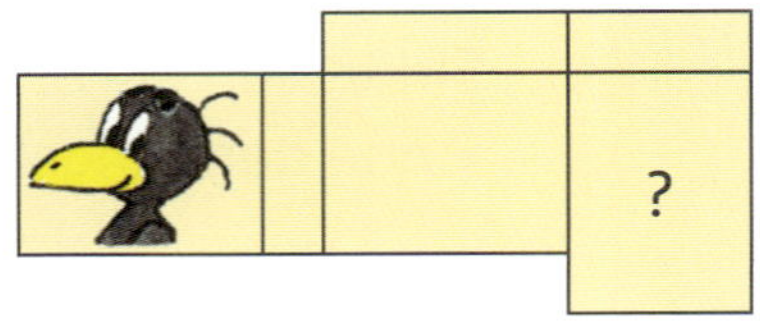

d) Kippe eine Schachtel 5-mal. Zeichne ihre Spur und schreibe den Weg auf. Zeige deinem Partner den Weg. Kann er damit die Spur zeichnen? Vergleiche.

3 Möglich oder unmöglich? Begründe!

a)

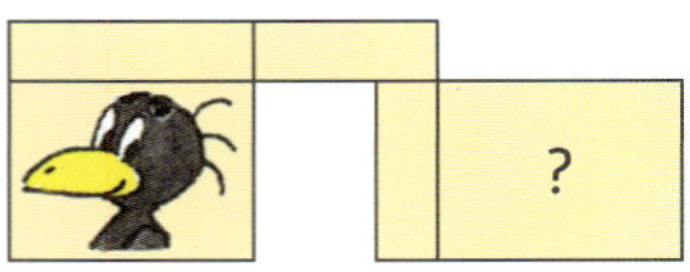

b)

c)

4 a) Wie musst du kippen, um von Trax aus zu den verschiedenen Zielfeldern zu gelangen? Schreibe auf.

b) Welche Fläche liegt bei D oben?

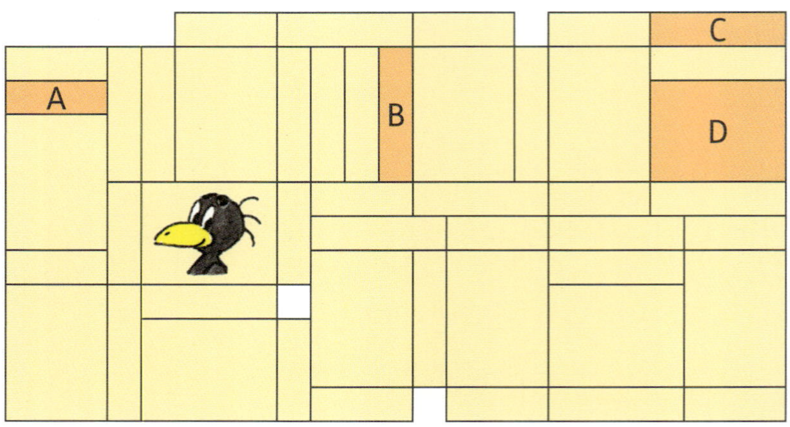

KV nutzen.

1 a) Aus welchen Figuren kann man keinen Spielwürfel falten? Begründe!

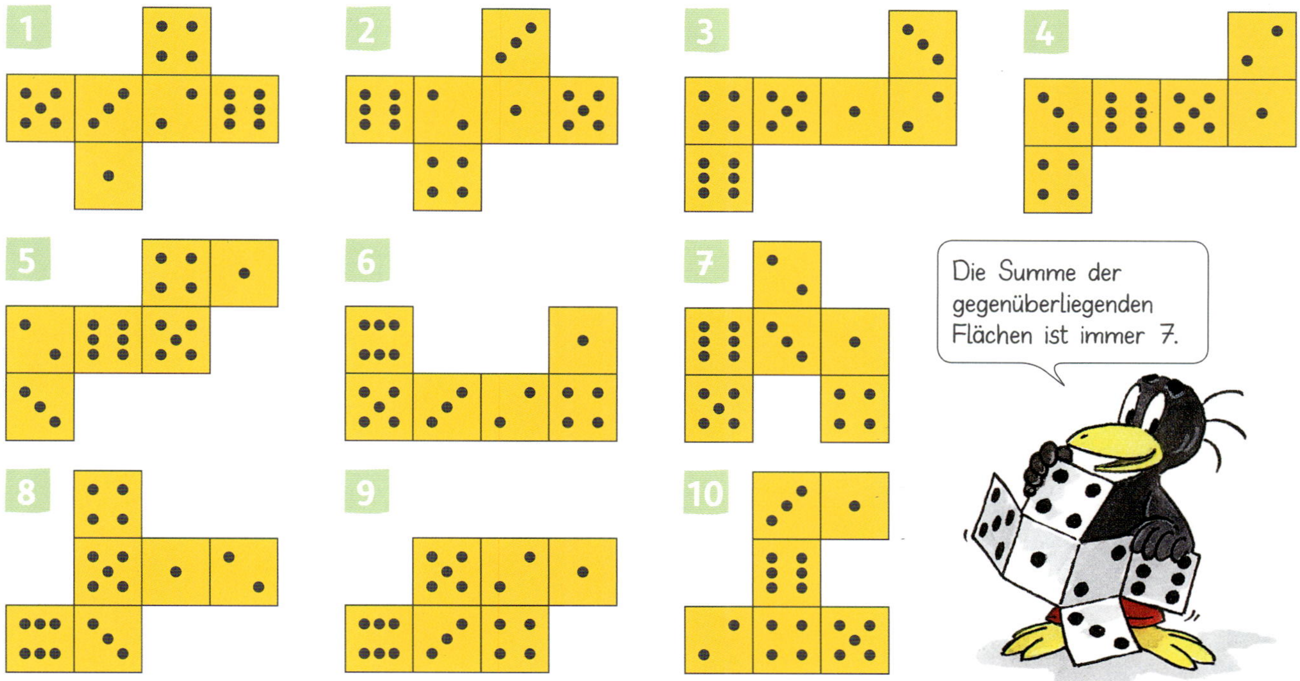

b) Zeichne 6 Figuren für deinen Partner.
Aus 3 Figuren soll man einen Spielwürfel falten können, aus 3 Figuren nicht.

2 Nur 3 der Netze sind Quadernetze.
a) Untersuche: Falte dazu in der Vorstellung zum Quader zusammen.

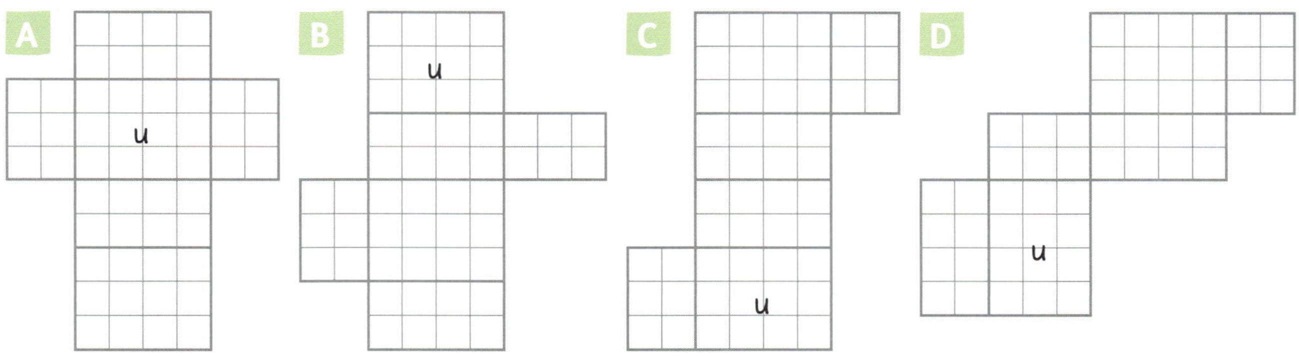

b) Zeichne die 3 Quadernetze auf Karopapier. Beschrifte sie mit o, l, r, v, h.
c) Schneide die Quadernetze aus. Überprüfe durch Falten.

3 Zu welchen geometrischen Körpern kann man die Netze zusammenfalten?
Schreibe die Namen der Körper auf.

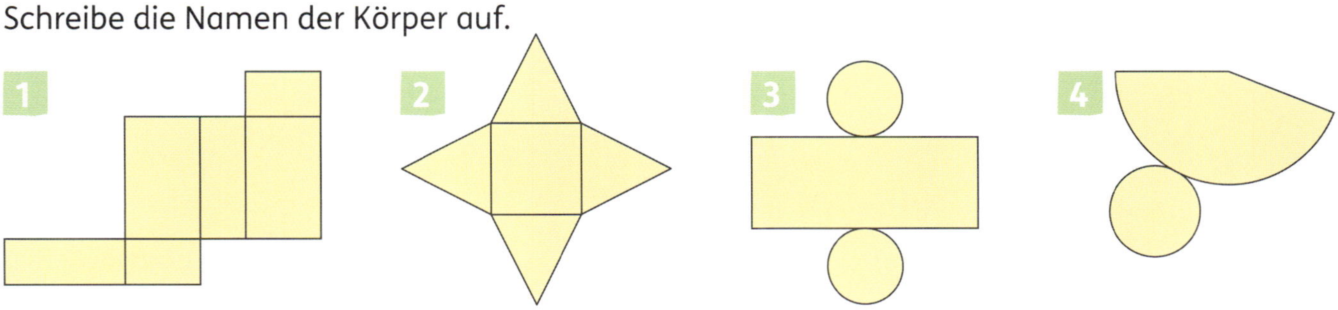

1 Aus wie vielen Quadern bestehen die Gebäude 1 bis 10?

Gebäude	Anzahl der Quader
1	9
2	

2

3 a) Welche Gebäude gehören zu diesen Bauplänen?
b) Zeichne die fehlenden Baupläne.

2	1	2
	1	

Gebäude Nr:

3	2	1
2	1	
1		

Gebäude Nr:

1	1	1
1	2	1

Gebäude Nr:

4

a) Zeichne wie Paula einen Würfel auf Punktepapier.

b) Zeichne 2 zusammenhängende Würfel. Finde verschiedene Möglichkeiten.

c) Zeichne die Schrägbilder aller Würfelgebäude.

4 KV nutzen.

1 Setze jeweils zu Würfeln zusammen. Finde das passende Teil. Jongliere dazu im Kopf. Baue dann mit Steckwürfeln nach und überprüfe.

a)

L K R

b)

I E H

c)

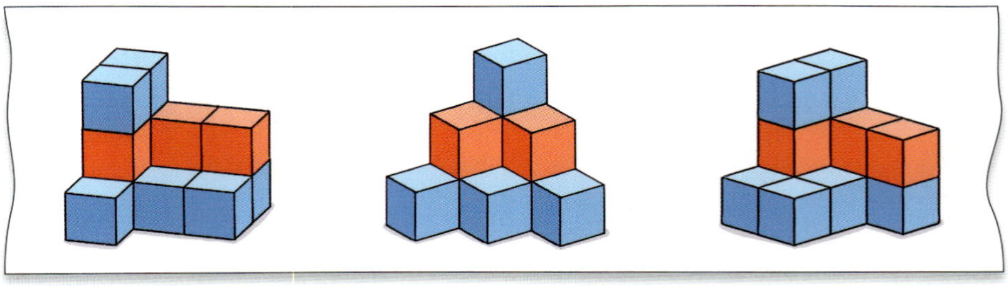

P G F

d)

D U C

e)

B A S

Die Buchstaben von unten nach oben gelesen ergeben das Lösungswort. Wie heißt es?

AH 66

1 Alissa und Maxim machen mit ihren Eltern einen Ausflug im Segelboot. Vom Westhafen kommend fahren sie an der Küste entlang. Dabei hat Alissa 6 Fotografien gemacht. Sie sind durcheinander geraten. Bringe sie in die richtige Reihenfolge.

E

N

L

S

E

G

Tonne und Kilogramm

1 Ordne die Namen zu.

Velociraptor	20 kg
Stegosaurus	4 t 500 kg
Tyrannosaurus	6 t 200 kg
Brachiosaurus	30 t

Ganz schwere Dinge werden in Tonnen gewogen.

!

1 Tonne = 1 000 Kilogramm
1 t = 1 000 kg

1 t — 10 t — 100 t

2 So schwer werden die Tiere. Errechne ihr Gewicht.

Pferd:

Sie sind in Europa die schwersten Haustiere.
Die besonders schweren Shire-Pferde sind dennoch 3 Tonnen leichter als ein Stegosaurus.

Elefant:

Der afrikanische Elefant ist das schwerste Landtier.
Er kann bis zu 700 kg schwerer werden als ein Tyrannosaurus.

Blauwal:

Das schwerste Tier der Welt lebt im Wasser und ist ganz ungefährlich. Er kann das 7-fache Gewicht eines Brachiosaurus erreichen.

3 Die Angaben von 2 Kärtchen ergeben immer eine Tonne. 350 kg + ___ kg = 1 t

605 kg — 350 kg — 395 kg — 935 kg — 35 kg

65 kg — 305 kg — 695 kg — 650 kg — 965 kg

4 Ordne jeweils nach dem Gewicht. Beginne mit dem leichtesten.

a) 55 kg, 5 kg, 555 g, 5 t, 55 t

b) 9 t, 909 g, 990 kg, 999 t, 9 g

c) 1 t, 1 001 g, 1 kg, 1 001 kg, 1 g

d) 2 t 500 kg, 2 050 kg, 2 050 g, 25 kg

e) 3 030 kg, 30 t 3 kg, 3 t 3 kg, 330 g

f) 1 600 g, 16 g, 1 t 60 kg, 1 kg 60 g

5 Ein Viertklässler wiegt durchschnittlich 35 kg.

a) Wie viele Viertklässler wiegen zusammen ungefähr eine Tonne?

b) Wie schwer sind alle Kinder deiner Klasse zusammen? Berechne den Unterschied zu einer Tonne.

c) Wie viele Viertklässler sind so schwer wie ein Stegosaurus (Tyrannosaurus, Brachiosaurus)?

1

Fahrrad | Kleinbus | Transporter | PKW | Motorrad | Reisebus

3 470 kg | 10 kg | 11,250 t | 1 155 kg | 0,185 t | 1,850 t

Alle Angaben sind Leergewichte.

a) Ordne die Gewichtsangaben und Namen den abgebildeten Fahrzeugen zu.
b) Trage die Gewichtsangaben in eine Tabelle ein. Beginne mit dem schwersten Fahrzeug.

Das Komma trennt Tonne und Kilogramm.
11,250 t = 11 t 250 kg = 11 250 kg

		t	kg			
Reisebus	11,250 t	11	2	5	0	11 250 kg

2 Ordne nach dem Gewicht. Beginne mit dem leichtesten.

a) 4 600 kg, 50 009 kg, 5 009 kg, 6 400 kg

b) 5,000 t, 0,009 t, 0,900 t, 5 000 t

c) 6,670 t, 3 040 kg, 45,300 t, 500 kg

d) 10 421 kg, 2,5 t, 90 kg, 45,3 t

e) 12,25 t, 1 225 kg, 12 025 kg, 0,001 t

3 a) In die Klasse 4a der Gartenschule gehen 24 Schüler, die Klasse 4b hat 26 Schüler. Wie schwer sind die Schüler beider Klassen ungefähr zusammen?

b) Die beiden Klassen fahren mit dem Reisebus der Firma Schöner-Reisen ins Theater. Alle Schüler und beide Lehrerinnen fahren mit. Wegen einer Baustelle wurde in der Straße vor der Schule vorübergehend dieses Schild aufgestellt. Der Busfahrer macht sich deshalb Sorgen.

Durchschnittliches Körpergewicht bei Menschen.

Alter	6 Jahre	10 Jahre	14 Jahre	18 Jahre	ab 22 Jahren
Gewicht	24 kg	35 kg	54 kg	67 kg	72 kg

Kommaschreibweise bei Kilogramm und Gramm

1

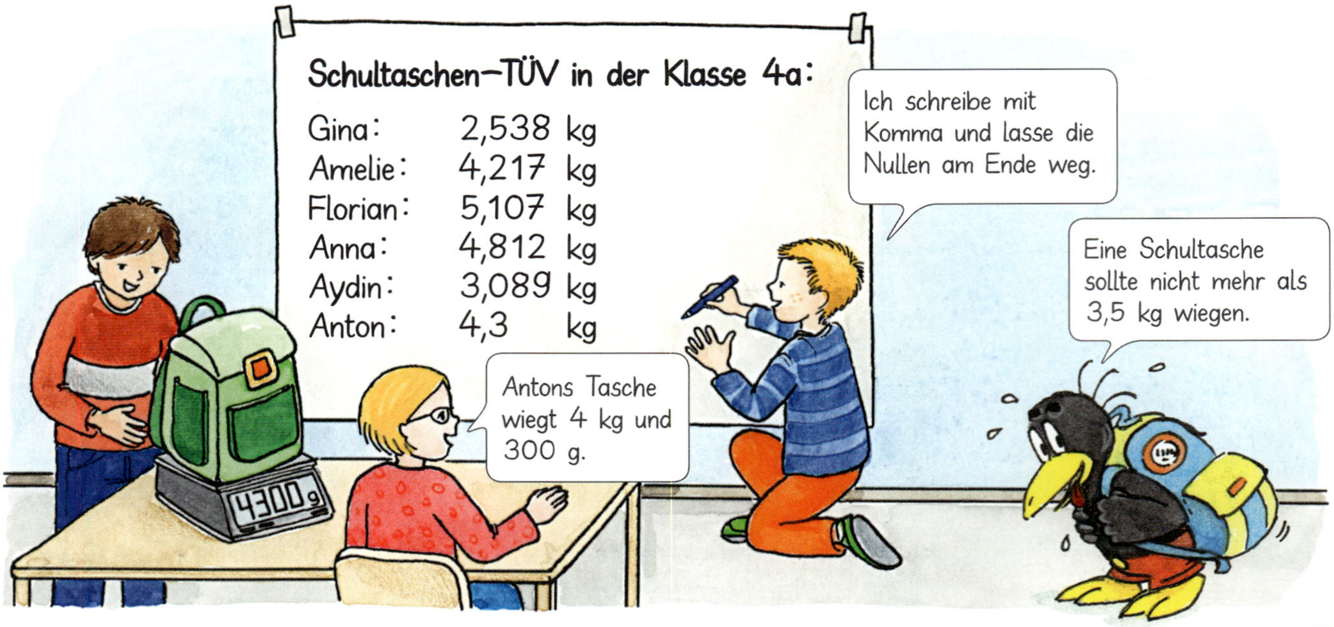

a) Trage das Gewicht der Schultaschen der Kinder in eine Tabelle ein.
b) Wer hat die leichteste (die schwerste) Tasche? Vergleiche.
c) Wer hat in eurer Klasse die leichteste (die schwerste) Tasche?
d) Würde deine eigene Tasche durch den Schultaschen-TÜV kommen?

! Das Komma trennt Kilogramm und Gramm.
4,300 kg = 4 kg 300 g = 4 300 g

		kg	g			
Anton	4,3 kg	4	3	0	0	4 300 g

2

	Jans Stundenplan:	
	Montag	Dienstag
1		Mathe
2	Deutsch	Deutsch
3	Mathe	Deutsch
4	Sachunterricht	Religion
5	Sachunterricht	Musik
6	Kunst	

a) Berechne für Montag und Dienstag das Gewicht von Jans Schultasche. Muss er mehr als 3,5 kg tragen?
b) Was könnte Jan in der Schule lassen? Was kann zu Hause bleiben?
c) Wiegt eure eigenen Schulsachen. Überlegt in der Klasse, wie ihr in Zukunft das Gewicht eurer Schultaschen verringern könnt. Wie viel Gewicht könnt ihr je Tasche einsparen?

1

!

$\frac{1}{4}$ t = 250 kg
$\frac{1}{2}$ t = 500 kg
$\frac{3}{4}$ t = 750 kg
$\frac{1}{4}$ kg = 250 g
$\frac{1}{2}$ kg = 500 g
$\frac{3}{4}$ kg = 750 g

a) Suche im Bild alle Gewichtsangaben und wandle sie in Kilogramm um.
b) Wie schwer wird ein Waggon ungefähr, wenn er mit Autos voll beladen ist?

2 Was gehört zusammen? Wie lautet das Lösungswort?

$4\frac{1}{2}$ t = ___ t ___ kg

1. $4\frac{1}{2}$ t
2. 45 t
3. 4,050 t
4. 0,5 t
5. $95\frac{1}{2}$ t
6. 9,005 t
7. 9,050 t
8. 9,055 t

E: 9 t 5 kg — A: 45 000 kg — R: $\frac{1}{2}$ t — G: 9 t 55 kg
R: 9 t 550 kg — F: 4 t 500 kg — Z: 95 500 kg
A: 405 kg — U: 9 050 kg — D: 955 kg — H: 4 050 kg

3 Was gehört zusammen? Wie lautet das Lösungswort?

$7\frac{3}{4}$ kg = ___ g

1. $7\frac{3}{4}$ kg
2. 75 kg
3. 0,5 kg
4. $72\frac{1}{2}$ kg
5. 7,25 kg
6. 7,005 kg
7. 0,750 kg
8. $72\frac{1}{4}$ kg

R: $7\frac{1}{4}$ kg — Z: 75 000 kg — D: 72 kg 250 g — T: $\frac{1}{2}$ kg
A: $\frac{3}{4}$ kg — O: 72 kg 500 g — G: 7 kg 25 g
O: 75 000 g — R: 7 kg 5 g — U: $\frac{1}{4}$ kg — M: 7 750 g

4 Kann das stimmen? Begründe.

a) Eine Viertklässlerin wiegt 26,5 kg.
b) Ein Viertklässler kann $32\frac{1}{4}$ kg anheben.
c) Der Lehrer Herr Schmidt wiegt 18 350 g.
d) Alle Kinder der Klasse 4a wiegen zusammen $4\frac{1}{2}$ t.
e) Ein Sack Zement wiegt 40 kg.
f) Ein voll beladenes Passagierflugzeug wiegt 500 t.
g) Herr Schell isst im Jahr $\frac{3}{4}$ t Äpfel.

Tonne, Kilogramm und Gramm

1 a) Wie viele Kilogramm Abfall entsprechen einem Millimeter Balkenlänge?
b) Übertrage das Diagramm in dein Heft und vervollständige die Angaben.
c) Vergleiche die Abfallmenge Deutschlands mit der Abfallmenge anderer Länder.
d) Wie viel Müll produziert deine Familie im Jahr? Vergleiche mit dem Fassungsvermögen eines Müllfahrzeuges.

So viel Abfall produziert eine Person durchschnittlich im Jahr:

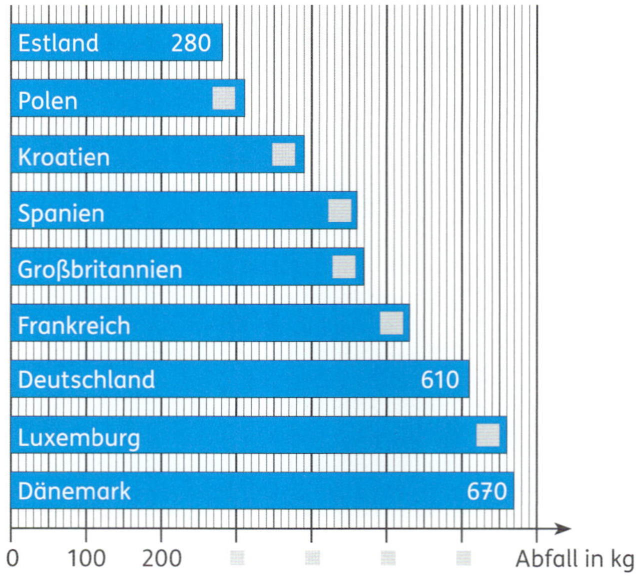

2 a) Übertrage die Tabelle in dein Heft und ergänze sie bis 4 Wochen.
b) Ein Müllfahrzeug kann mit einer Fahrt den wöchentlichen Müll von rund 1 000 Personen abtransportieren. Stimmt das?

Zeitraum	Abfallmenge
1 Tag	1,7 kg
2 Tage	
7 Tage	

3 a) Was kannst du aus dem Schaubild ablesen?
Erkläre die einzelnen Werte.
b) Ein DIN A4-Schulheft wiegt ca. 100 g. Wie viele Hefte entsprechen der jährlichen Altpapiermenge einer Person?
c) Finde ähnliche Vergleiche für die anderen Müllarten.

Abfallarten in Deutschland*

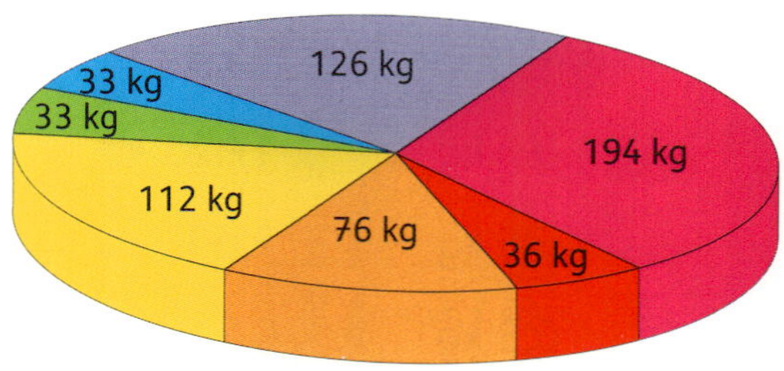

- Restmüll
- Biomüll
- Sperrmüll
- Glas
- Altpapier (Papier und Karton)
- Leichtverpackungen (Kunststoffe)
- Sonstiges (Metalle, Elektroschrott ...)

*Angaben pro Person im Jahr

4 a) Findet heraus, wie viel Abfall eure Klasse in einer Woche produziert. Wiegt dazu täglich am Ende des Unterrichts die Mülleimer. Denkt daran, dass auch die leeren Mülleimer etwas wiegen.
b) Bestimmt anhand dieser Abfallmenge, wie viel Abfall pro Monat, pro Jahr und in eurer gesamten Grundschulzeit ungefähr anfällt.

AH 72 289–294

1

Passen in euer Klassenzimmer 100 000 aufgeblasene Luftballons?
Wie geht ihr vor? Erklärt.

2 Ist das möglich? Überprüft diese Behauptungen.
Wie geht ihr vor? Erklärt.

a) Wenn alle Kinder unserer Schule eine Menschenkette bilden, ist diese länger, als das höchste Gebäude der Welt hoch ist.

b) Die Schultaschen aller Kinder unserer Schule sind zusammen so schwer wie das Auto unserer Lehrerin.

c) Alle Steckwürfel, die es an unserer Schule gibt, sind schwerer als ein Kind unserer Klasse.

d) Das Herz eines 10-jährigen Kindes schlägt jeden Monat über 1 000 000-mal.

e) In unserer bisherigen Schulzeit hatten wir insgesamt schon mehr als 10 Tage große Pause.

f) Wenn man alle Schulwege, die die Kinder unserer Klasse in der Grundschulzeit zurücklegten, addiert, kommt man auf mehr als 10 000 km.

g) Ein 10-jähriges Kind hat sich in seinem bisherigen Leben insgesamt schon mehr als einen Tag lang die Zähne geputzt.

h) Wenn unsere Schule 2 Milchkühe hätte, könnte jedes Kind unserer Schule täglich ein Glas Milch von diesen Kühen trinken.

3 Stelle zu einem der folgenden Themen selbst Behauptungen auf.
Lass sie von deinem Partner überprüfen.

Schulzeit | Körper | Essen | Trinken

Fermi-Aufgaben sind Problemstellungen, bei denen keine genauen Daten gegeben sind. Die Kinder sollen Strategien zur quantitativen Abschätzung entwickeln.

1

66 67

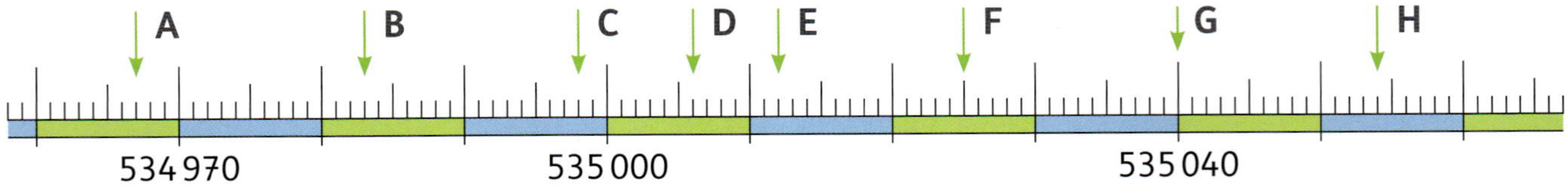

a) Wie heißen die Zahlen an den grünen Pfeilen?
b) Schreibe für jede Zahl den Vorgänger und den Nachfolger auf.
c) Runde jede Zahl auf Zehner.
d) Runde jede Zahl auf Tausender.

2

66

a) Ordne. Beginne mit der größten Zahl.

765 432 | 756 234 | 765 234
756 423 | 765 324 | 756 342

b) Ordne. Beginne mit der kleinsten Zahl.

345 678 | 354 687 | 345 786
354 678 | 345 867 | 354 768

3 Rechne schriftlich.

70

a)		b)		c)		d)	
419 · 2	19	3 476 · 3	15	22 412 · 3	24	32 230 · 2	20
251 · 3	15	7 051 · 6	15	37 128 · 2	24	64 607 · 4	29
824 · 4	20	4 524 · 4	24	45 735 · 5	30	96 013 · 8	26
305 · 5	13	5 307 · 5	21	56 291 · 7	26	70 025 · 5	16

4

79

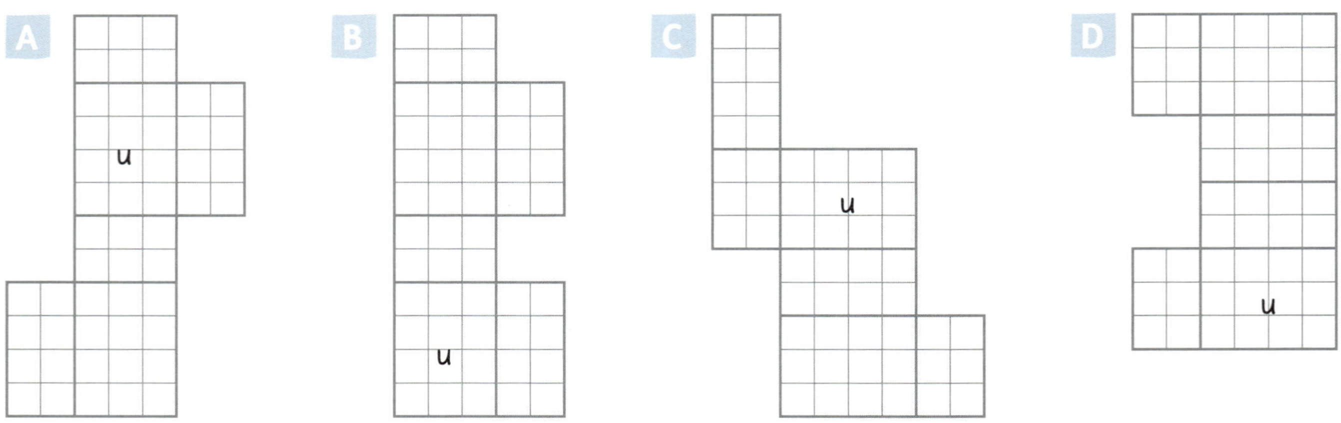

a) Welche Figuren sind Quadernetze?
b) Zeichne die Quadernetze auf Karopapier ab. Beschrifte sie mit o, v, h, r, l.

5 Ordne nach dem Gewicht. Beginne mit dem leichtesten.

85 86

a)	b)	c)	d)	e)
27 kg	643 g	1 000 g	3 kg 60 g	5,200 t
22 700 g	6 kg 430 g	$\frac{1}{2}$ kg	3 600 g	5 t 20 kg
22 kg 270 g	6,43 kg	0,95 kg	3,6 kg	0,52 t
270 g	64 kg	$\frac{3}{4}$ kg	0,36 kg	5 520 kg

AH 73 KV 28, 59, 92–94

1 Kl. 3

a)	b)	c)	d)	e)
12 : 3	16 : 2	60 : 3	180 : 60	210 : 70
24 : 6	28 : 4	40 : 2	400 : 50	150 : 30
40 : 8	45 : 5	80 : 4	140 : 20	630 : 90
81 : 9	12 : 1	100 : 5	720 : 90	420 : 60
56 : 7	54 : 6	90 : 9	360 : 40	480 : 80

2 Dividiere mit Rest.

Kl. 3

a)	b)	c)	d)	e)
17 : 2	31 : 5	60 : 7	280 : 90	103 : 60
20 : 3	33 : 9	50 : 8	520 : 70	354 : 70
11 : 2	37 : 8	40 : 9	610 : 80	229 : 30
18 : 4	39 : 6	30 : 8	130 : 40	463 : 80
23 : 4	42 : 8	20 : 6	750 : 90	597 : 90

3 Du gewinnst bei Rot. Welches Glücksrad wählst du jeweils?

Kl. 3

a) 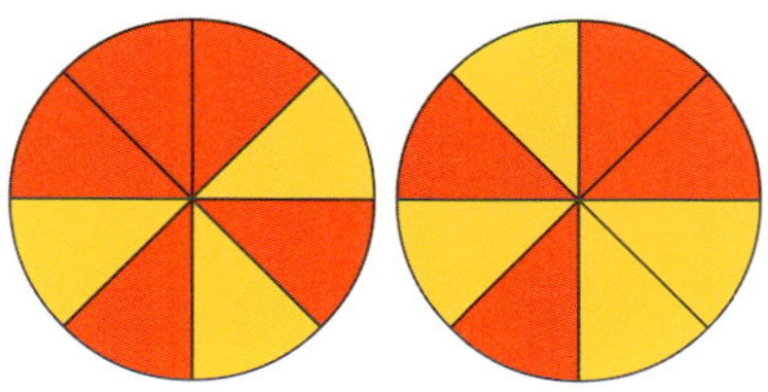

b) 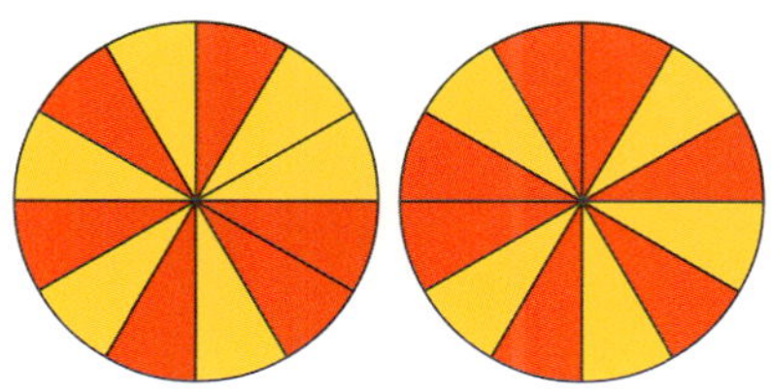

c) 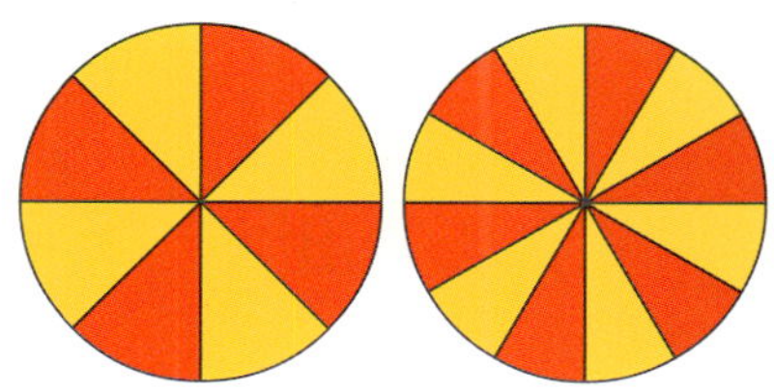

4 Max hat rote, gelbe und blaue Würfel.

Kl. 3

a) Er nimmt von jeder Farbe einen Würfel und baut Dreiertürme. Wie viele verschiedene Möglichkeiten hat er? Zeichne.

b) Wie viele verschiedene Dreiertürme kann Max bauen, wenn er 2 rote und einen gelben Würfel nimmt? Zeichne.

5 Beantworte die Fragen zum Diagramm. Eine Frage kann man nicht beantworten.

Kl. 3

a) Wie viele Kinder aus Klasse 2 sind beim Turnen?

b) Wie viele Kinder aus Klasse 4 sind im Schulsportverein?

c) Wie viele Kinder sind beim Schwimmen?

d) Wie viele Kinder der Stadtgrundschule sind nicht im Schulsportverein?

e) Welche Sportart hat die wenigsten Kinder?

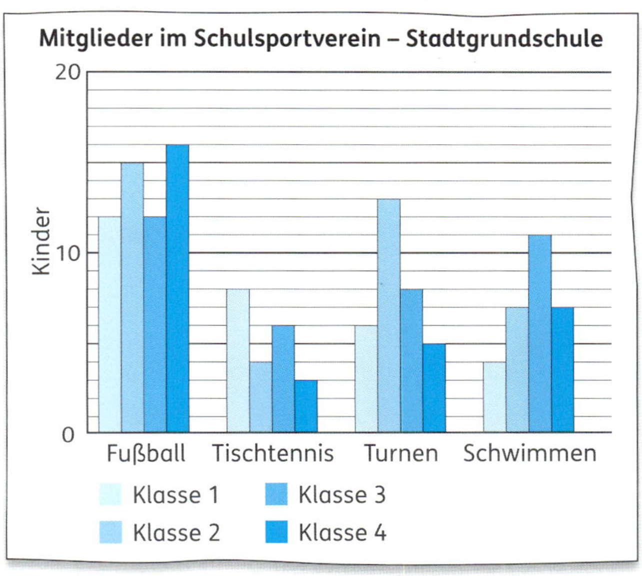

1

! Sprich so:
5H : 3 = 1H, schreibe 1, Rest 2H,
25Z : 3 = 8Z, schreibe 8, Rest 1Z,
15E : 3 = 5E, schreibe 5, Rest 0.

2

H Z E : H Z E
988 : 4 =
− 8
18
− 16
28
− 28
0

T H Z E : T H Z E
8964 : 3 =
− 6
29
− 27
26
− 24
24
− 24
0

3 Rechne wie Emma.

Q a) 492 : 3 11
792 : 6 6
765 : 5 9
896 : 4 8
984 : 8 6

b) 952 : 7 10
624 : 4 12
882 : 6 12
966 : 3 7
758 : 2 19

c) 5736 : 3 13
8616 : 2 15
9692 : 4 11
9984 : 3 16
7542 : 6 15

d) 2896 : 8 11
7945 : 7 10
5892 : 4 15
9684 : 3 15
8575 : 5 14

4 Überschlage zuerst. Rechne dann genau. Vergleiche die Ergebnisse mit dem Überschlag.

Ü: 7000 : 7 = 1000
T H Z E : T H Z E
8694 : 7 =

a) 8694 : 7
7074 : 6
6456 : 4
8388 : 6
6315 : 5

b) 98895 : 3
99824 : 4
97344 : 2
79695 : 7
94896 : 8

AH 74

1

2 Rechne. Kontrolliere mit der Probe.

a)	b)	c)	d)
644 : 7	2 232 : 3	66 152 : 8	13 116 : 2
432 : 6	6 688 : 8	59 142 : 6	31 752 : 4
882 : 9	2 688 : 4	53 347 : 7	15 255 : 9
395 : 5	1 936 : 2	29 112 : 3	25 795 : 7
344 : 4	3 426 : 6	47 095 : 5	42 534 : 6

3

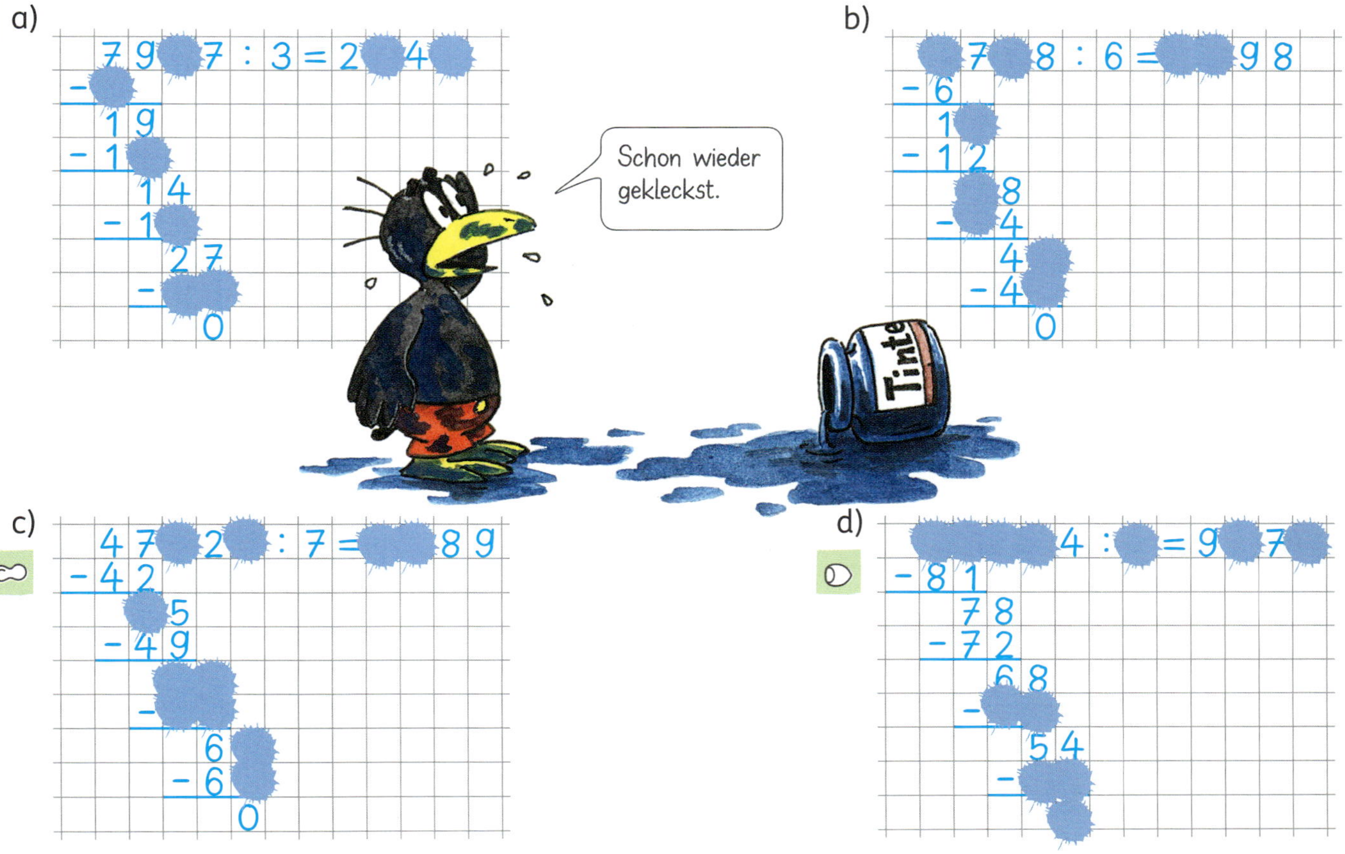

Schriftlich dividieren – Null im Ergebnis

1

2 Rechne. Kontrolliere mit der Probe.

a)	b)	c)	d)
612 : 3	4 818 : 6	18 492 : 6	985 035 : 5
924 : 3	4 907 : 7	51 135 : 7	883 228 : 4
545 : 5	4 864 : 8	81 072 : 9	690 204 : 3
812 : 4	8 163 : 9	26 828 : 4	720 036 : 4

3 Finde Rechenfehler und korrigiere sie.

91 056 : 7 = 1 308	9 005 : 5 = 181
7 091 : 7 = 1 013	7 080 : 4 = 1 770
294 042 : 6 = 49 006	9 201 : 3 = 367
561 114 : 6 = 93 519	4 375 : 5 = 870
140 581 : 7 = 2 083	64 968 : 4 = 16 242
24 056 : 8 = 307	24 210 : 3 = 8 060

4 Eine Tippgemeinschaft von 4 Familien hat schon dreimal im Lotto gewonnen.
Im Februar waren es 4 228 €, im Mai betrug der Gewinn 2 436 € und im Oktober wurden sogar 7 216 € gewonnen. Jede Familie erhält jeweils gleich viel.

a) Berechne den Gesamtgewinn.
b) Berechne den Anteil jeder Familie.

1 a) Entscheide, wie du rechnest.

b) Erfinde für jeden Briefkasten noch 3 weitere Aufgaben.

2 Wie rechnest du hier? Entscheide bei jeder Aufgabe neu.

Q

3 248 : 8	10	11 472 : 8	12	198 : 2	18
1 569 : 3	10	330 : 5	12	21 654 : 3	18
3 110 : 5	10	240 : 5	12	2 790 : 5	18
23 947 : 7	10	4 968 : 9	12	4 968 : 6	18
256 : 4	10	342 : 6	12	1 836 : 2	18

3 Löse das Trax-Quiz. Welches der 3 Ergebnisse ist jeweils richtig?

a) Du erhältst meine Zahl, wenn du 37 495 durch 5 dividierst.

b) Du erhältst meine Zahl, wenn du 73 737 durch 9 dividierst.

c) Multipliziere meine Zahl mit 5 und du erhältst 39 845.

d) Multipliziere meine Zahl mit 8 und du erhältst 64 312.

e) Du erhältst meine Zahl, wenn du das Doppelte von 15 888 durch die Hälfte von 8 dividierst.

f) Du erhältst meine Zahl, wenn du das 3-Fache von 18 662 durch die Hälfte von 14 dividierst.

Schriftlich dividieren mit Rest

1 Mit einer Gondel der Gletscherbahn können 6 Personen auf den Gipfel fahren. Am Dienstag sind es insgesamt 562 Fahrgäste. Wie viele Gondeln werden mindestens benötigt?

2 Rechne. Kontrolliere mit der Probe.

a) 323 : 2
323 : 5
323 : 4
323 : 7

b) 6 035 : 6
4 628 : 3
8 401 : 5
2 324 : 8

c) 17 688 : 9
54 731 : 8
25 633 : 2
87 302 : 5

d) 546 040 : 7
982 053 : 6
728 079 : 9
320 307 : 4

3 Frage, löse und antworte.

a) Eine Gondel der Bergblick-Seilbahn befördert 8 Personen. Am Sonntag waren es 1 239 Fahrgäste.

b) Herr Flink kauft für 195 € im Skigebiet Bergdorf einen 6-Tage-Skipass.

c) Zur Skiparty auf der Almhütte kommen 517 Gäste. Im großen Saal gibt es nur 4er-Tische.

4

1 Für ihren gemeinsamen Urlaub in einer Skihütte kaufen 3 Familien Lebensmittel ein. Die Gesamtkosten von 546,75 € werden gerecht geteilt. Wie viel zahlt jede Familie?

2 Rechne. Kontrolliere mit der Probe.

a) 753,84 € : 3
181,50 € : 6
862,75 € : 5
349,00 € : 4

b) 1 733,55 € : 7
8 703,00 € : 3
6 543,60 € : 4
4 847,92 € : 8

c) 6 570,12 € : 6
8 018,98 € : 2
3 095,45 € : 5
9 689,68 € : 7

d) 27 035,98 € : 2
12 251,25 € : 3
81 428,76 € : 4
77 921,64 € : 9

3 An ihrem letzten Urlaubstag essen die 3 Familien in einem Restaurant. Jede Familie bezahlt ihre Bestellung selbst.

Das ist die Gesamtrechnung:

RECHNUNG	
4 x Limo	6,40 €
3 x Wasser	3,75 €
3 x Schorle	5,40 €
5 x Suppe	16,75 €
2 x Schnitzel	21,50 €
3 x Spagetti	16,80 €
2 x Pizza	14,50 €
2 x Lasagne	14,70 €
GESAMT	99,80 €

Das hatten die Familien bestellt:

Familie Weise
1 x Limo
1 x Wasser
1 x Schorle
2 x Suppe
1 x Schnitzel
1 x Spagetti
1 x Lasagne

Familie Kluge
2 x Limo
1 x Wasser
1 x Schorle
1 x Suppe
1 x Spagetti
1 x Pizza
1 x Lasagne

Familie List hatte den Rest.

a) Was hatte Familie List bestellt?
b) Berechne die Einzelpreise.
c) Wie viel muss jede Familie bezahlen?

Taschenrechner

1

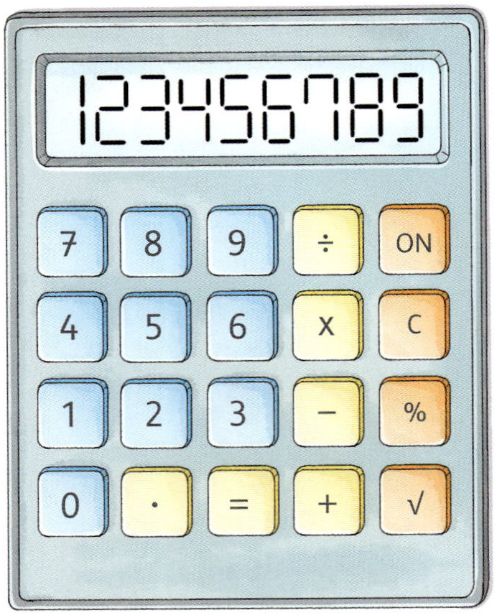

a) [+] addieren [−] subtrahieren [x] multiplizieren [÷] dividieren

[ON] ein/aus [C] löschen [=] gleich [·] Komma

Wo findest du diese Tasten auf deinem Taschenrechner?

b) Welche Tasten gibt es noch? Was bedeuten sie?

c) Tippe verschiedene Zahlen ein.
Wie heißt die größte Zahl, die du eingeben kannst?
Wie heißt die kleinste?

2 Taschenrechner-Test: Tippe Aufgaben ein, die du im Kopf rechnen kannst. Vergleiche.

a)
5 + 3 — [5] [+] [3] [=]
27 − 8 — [2] [7] [−] [8] [=]
7 · 8 — [7] [x] [8] [=]
36 : 6 — [3] [6] [÷] [6] [=]

b) 7 + 9
15 + 6

c) 36 − 9
99 − 11

d) 6 · 7
2 · 12

e) 45 : 5
27 : 3

3 Setze die Aufgabenrollen fort. Was fällt dir auf?

a)
1 x 8 + 1 = ☐
1 2 x 8 + 2 = ☐
1 2 3 x 8 + 3 = ☐

b)
9 x 9 + 7 = ☐
9 8 x 9 + 6 = ☐
9 8 7 x 9 + 5 = ☐

c)
1 x 9 + 2 = ☐
1 2 x 9 + 3 = ☐
1 2 3 x 9 + 4 = ☐

d)
1 + 1 = ☐
2 1 + 2 1 = ☐
3 2 1 + 3 2 1 = ☐

4 Welche Taste musst du noch drücken?

a)
7 ☐ 8 0 = 560
3 4 5 + ☐ 1 5 = 560
1 ☐ x 3 5 = 560

b)
3 9 2 0 ÷ ☐ = 560
2 8 x 2 ☐ = 560
7 ☐ 8 − 1 6 8 = 560

c)
☐ 7 x ☐ 7 = 9 409
☐ 3 6 + 8 6 ☐ 2 = 9 418
6 6 ☐ ☐ 8 = 5 808

d)
5 6 ☐ 6 ☐ ÷ ☐ = 8 009
9 ☐ 6 7 ☐ 8 7 ☐ = 8 488
6 9 3 ☐ ☐ ☐ = 867

5 a) Auf dem Taschenrechner ist die Taste 6 kaputt.

b) Wie kannst du die Zahlen anzeigen, wenn die Taste 3 kaputt ist?

6 Auf deinem Taschenrechner sind Tasten kaputt. Finde einen Weg, die Zahlen anzuzeigen. Schreibe deinen Weg auf.

a) Die Tasten 1 und 4 sind kaputt.

91 34 174 418

91 = 93 − 2 2 641 5 491

b) Die Tasten 5 und 9 sind kaputt.

58 90 359 509

559 995 5 952 9 579

7 Auf dem Taschenrechner funktionieren jetzt nur noch wenige Tasten.

a) Ihr dürft nur die Tasten 4, x und = drücken.

Versucht folgende Ergebnisse zu erreichen: 16 176 1 776 17 776

Welche Ergebnisse sind noch möglich?

b) Benutzt nur die Tasten 3, 6, +, −, x und =.

Versucht folgende Ergebnisse zu erreichen: 108 216 324 648

c) Verwendet die Tasten 2, 4, 8, x und = nur jeweils einmal.
Welches ist das größte und welches ist das kleinste Ergebnis einer Multiplikationsaufgabe?
Welche Ergebnisse sind noch möglich?

8 **Geheimschrift**

a) Tippe die Zahlen ein. Drehe den Taschenrechner auf den Kopf. Was liest du?

7 391 35 137 8 315 351 379 3 773 817

b) Auf dem Taschenrechner sollen die Wörter „EIS“, „ESEL“ und „LIEBE“ stehen.
Welche Zahl muss jeweils auf der Anzeige erscheinen?

c) Finde weitere Wörter.

4 Bei manchen Anzeigedisplays erscheinen die Ziffern nicht wie auf Seite 98 in **1** dargestellt. Buchstaben sind dann nur eingeschränkt lesbar.

Zufall und Wahrscheinlichkeit
Glücksrad

1

Fertigt solche Glücksräder an.

2 a) Dreht jedes Glücksrad 30-mal.
Vermutet, welche Farbe häufiger kommt.
Schreibt eure Ergebnisse als Strichliste auf.
Vergleicht eure Ergebnisse mit eurer Vermutung.

b) Tragt alle Ergebnisse der Klasse für jedes Glücksrad in eine Tabelle ein. Erklärt, was euch auffällt.

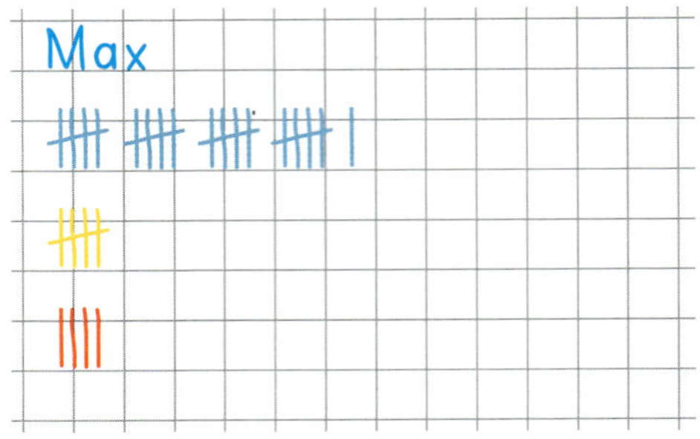

3 Liessa, Emelie, Len und Felix haben 30-mal ihr Glücksrad gedreht und ihre Ergebnisse als Strichliste notiert. Wem könnte welches Glücksrad gehören? Begründe.

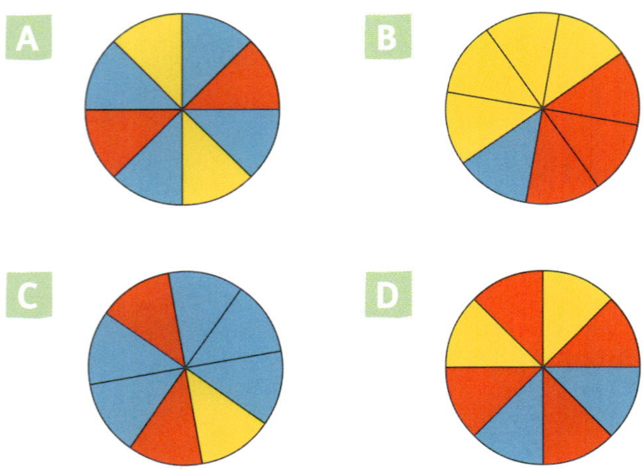

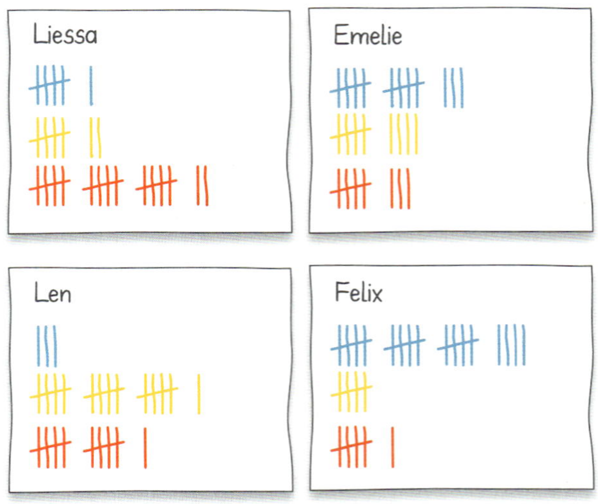

4 Luisa, Lina, Tim und Noah haben 30-mal ihr Glücksrad gedreht und ihre Ergebnisse als Strichliste notiert. Zeichne passende Glücksräder.

1 KV nutzen.

1 Wer hat die besten Gewinnchancen beim Glücksrad?

a) Zeigt auf dem Wahrscheinlichkeitsstreifen die Gewinnchancen der anderen Kinder.

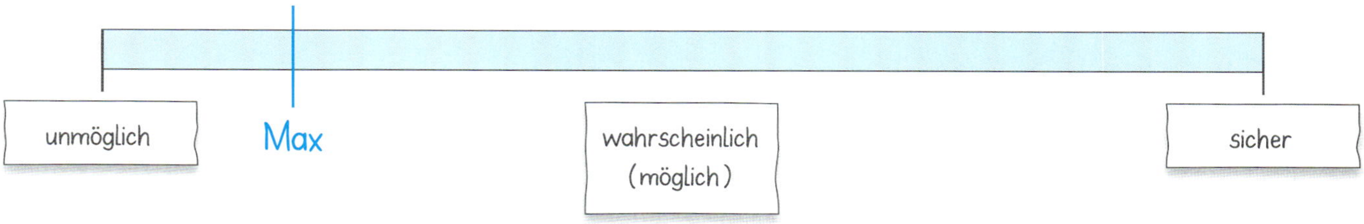

b) Wer hat die besten Gewinnchancen bei diesen Glücksrädern? Zeichnet jeweils einen Wahrscheinlichkeitsstreifen und tragt eure Vermutungen ein. Begründet.

A 

B 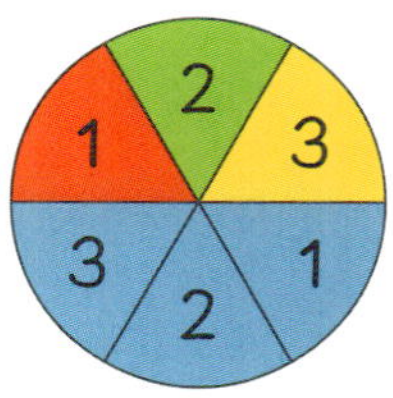

C 

D 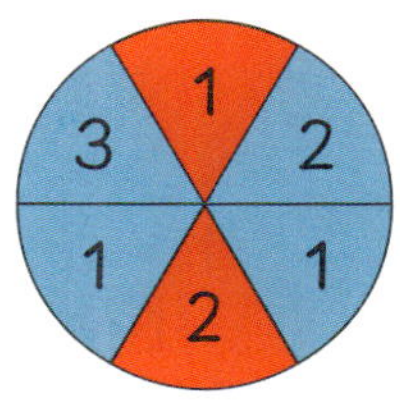

E 

F 

G 

H 

2 Zeichne Glücksräder, bei denen jeweils beide Kinder die gleiche Gewinnchance haben.

a)

Lea
Ich gewinne bei Gelb.

Tom
Ich gewinne bei 2, 4 und 6.

b)

Emre
Ich gewinne bei Blau und 1.

Carlos
Ich gewinne bei Rot und bei einer geraden Zahl.

c)

Ida
Ich gewinne bei 5.

Marlon
Ich gewinne bei 1 und 5 und bei Rot.

2 KV nutzen.

Würfelexperimente

1 Emma und Max würfeln 30-mal mit 2 Würfeln und addieren jeweils die Augenzahlen.

a) Wer gewinnt nach 30 Würfen? Was vermutet ihr?
b) Würfelt wie Emma und Max. Schreibt eure Ergebnisse als Strichliste auf.
c) Welche Summen wurden häufig, welche selten gewürfelt? Stimmt eure Vermutung?
d) Vergleicht eure Ergebnisse mit den Ergebnissen anderer Gruppen. Was fällt euch auf?

2 a) Trage alle Augensummen, die beim Würfeln mit 2 Würfeln entstehen können, in eine Tabelle ein.
b) Was fällt dir an der Tabelle auf?
c) Welche Augensumme hat die größte Gewinnchance?
d) Welche Augensummen haben die geringsten Gewinnchancen?
e) Bei welchen Augensummen sind die Gewinnchancen gleich groß?
f) Erkläre, warum einige Augensummen häufiger, andere seltener auftreten?

	⚀	⚁	⚂	⚃	⚄	⚅
⚀	2					
⚁	3					
⚂						
⚃						
⚄						
⚅						

3 a) Welche Spielregel ist gerecht? Wählt aus.

Emma gewinnt bei der Augensumme 10,
Max gewinnt bei der Augensumme 4.

Emma gewinnt, wenn die Summe 5, 6, 7 oder 8 ist.
Max gewinnt, wenn die Summe 2, 3, 4, 9, 10, 11 oder 12 ist.

Emma gewinnt bei allen Summen, die kleiner als 7 sind.
Max gewinnt bei allen Summen, die größer als 7 sind.

Emma gewinnt, wenn die Summe eine gerade Zahl ist.
Max gewinnt, wenn die Summe eine ungerade Zahl ist.

b) Findet eigene Spielregeln, die gerecht sind.

1 und **2** KV nutzen.

Kombinieren

Wie viele Möglichkeiten gibt es?

1 Fatima und Anton bauen die Tierfamilie Blaurotgelb. Sie haben blaue, rote und gelbe Steine. Jedes Tier sieht anders aus.

a) Baut die Tiere der Tierfamilie Blaurotgelb.
b) Wie viele Tiere habt ihr gefunden? Sind das alle?

2

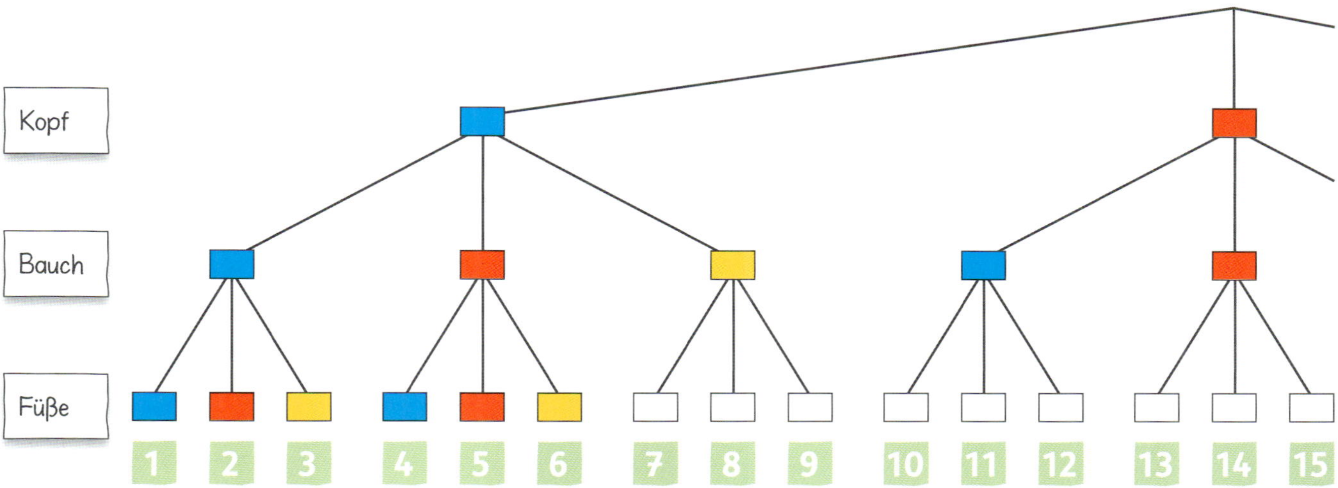

a) Zeichne das vollständige Baumdiagramm.
b) Wie viele Tiere sind einfarbig? Welche Nummern haben sie?
c) Wie sieht das Tier Nummer 7 aus?
d) Welche Nummern haben die Tiere mit dem gelben Kopf?
e) Welche Nummern haben die Tiere mit den blauen Füßen?
f) Ordne alle deine Tiere den Nummern im Baumdiagramm zu.

3 Wie viele Tiere gibt es in der Tierfamilie Blaurotgelb, wenn …

a) kein Tier einen gelben Kopf hat?

b) kein Tier einen roten Bauch hat?

c) kein Tier blaue Füße und einen gelben Bauch hat?

d) kein Tier Bauch und Füße in der gleichen Farbe hat?

2 KV nutzen.

1 Bei einer Umfrage zur Nutzung von Medien wurden jeweils 125 Mädchen und 125 Jungen in 4 unterschiedlichen Altersgruppen von 6 bis 13 Jahren befragt.

A
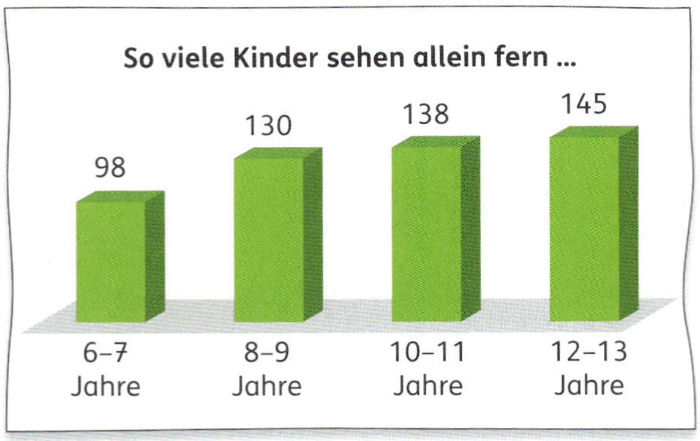

B
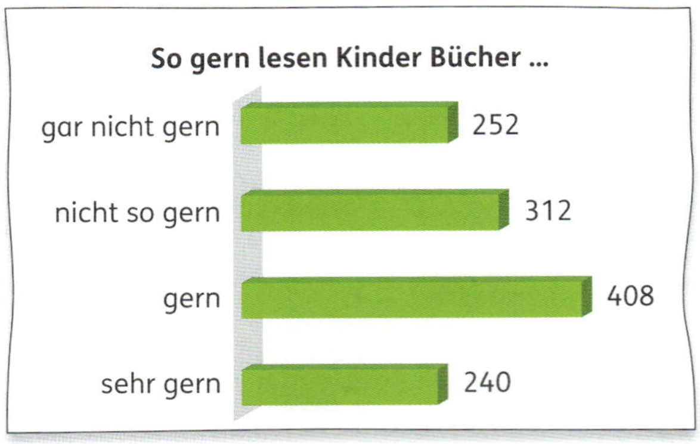

C
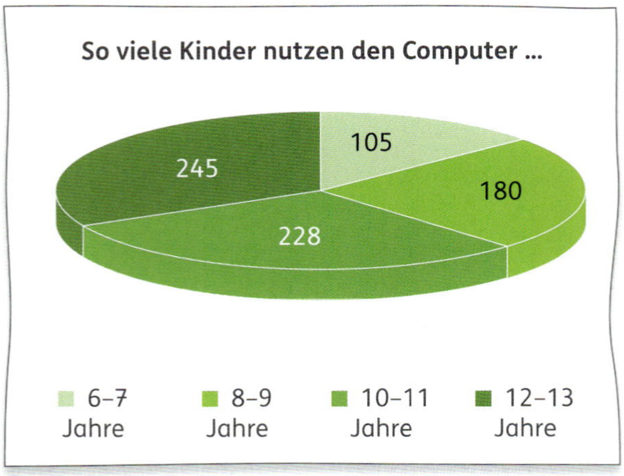

D
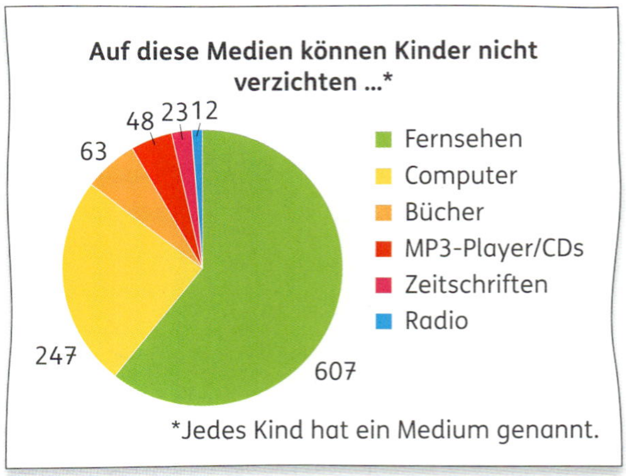

E
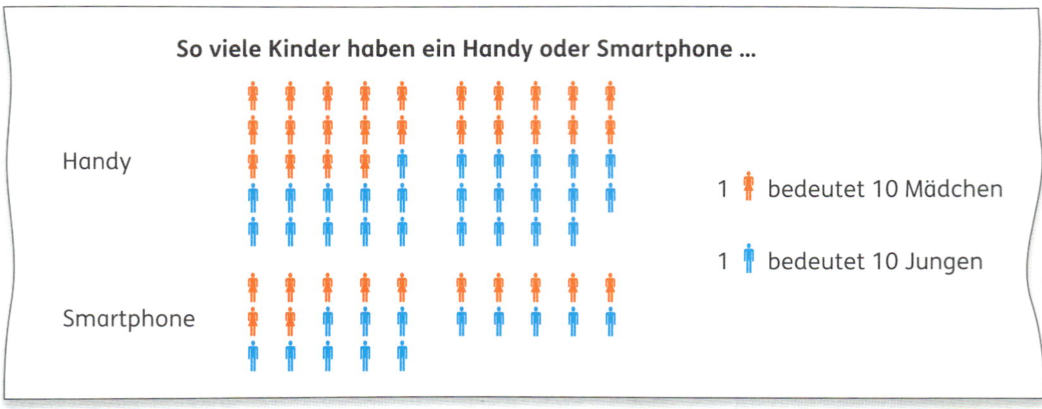

a) Welche Informationen könnt ihr den Diagrammen entnehmen? Erklärt.
b) Ordnet den Diagrammen diese Begriffe zu.

Säulendiagramm | Kreisdiagramm | Balkendiagramm | Piktogramm | Tortendiagramm

c) Wie viele Kinder lesen gern Bücher?
d) Wie viele Kinder können nicht auf den Fernseher verzichten?
e) In welcher Altersgruppe nutzen die meisten Kinder einen Computer?
f) Haben mehr Mädchen oder mehr Jungen ein Smartphone?
g) Wie viele Kinder sehen allein fern?
h) Wie viele Kinder nahmen insgesamt an der Umfrage teil?
i) Stellt selbst Fragen zu den Diagrammen.

AH 82

2 a) Ordne die Tabellen den Diagrammen von Aufgabe 1 zu. Begründe.

1

	Kinder
Fernseher	
Computer	
Bücher	
MP3-Player/CD	

2

	Kinder
	252
	312
	408
	240

3

	Kinder
	180

4

	Mädchen	Jungen
	240	250
	120	130

5

	6 – 7 Jahre	8 – 9 Jahre	10 – 11 Jahre	12 – 13 Jahre
Kinder		130		

b) Übertrage 2 Tabellen in dein Heft und ergänze die fehlenden Werte.

3 Welche Informationen kannst du aus diesem Diagramm entnehmen?

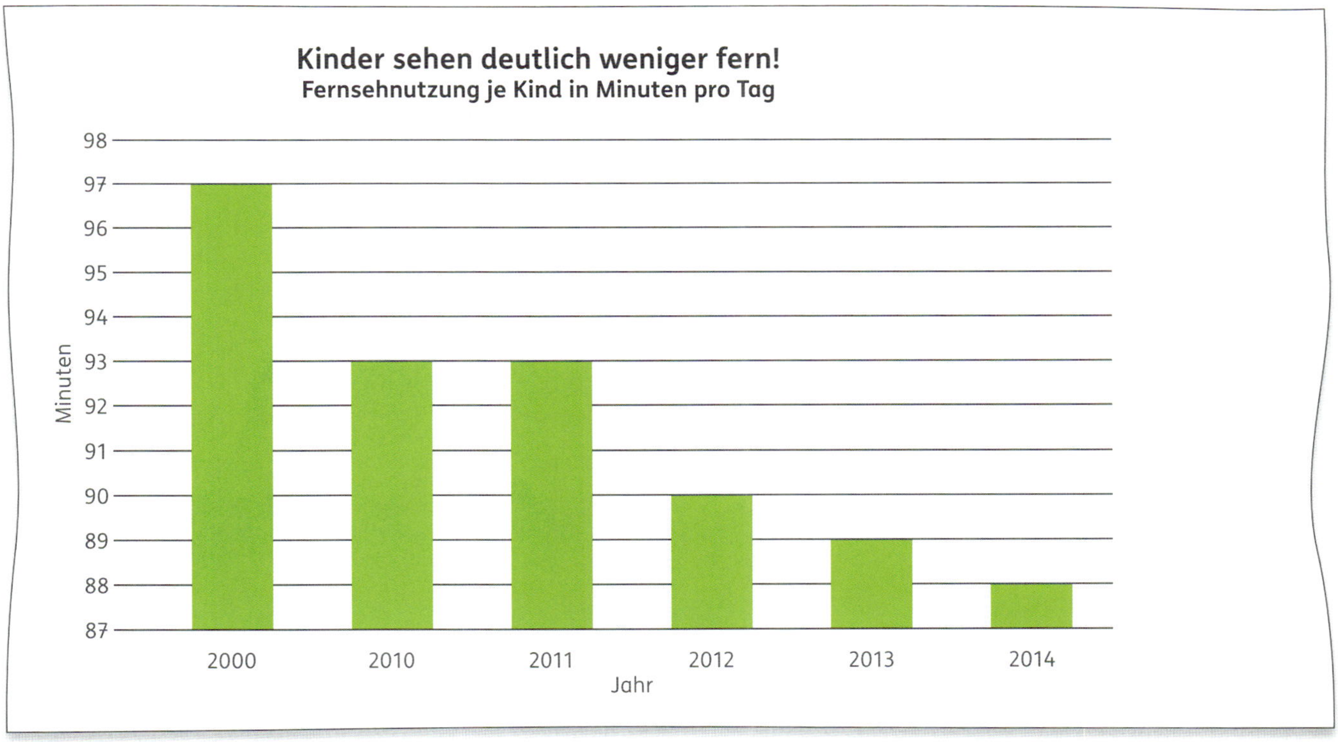

a) Was sagt ihr zu diesem Diagramm? Erklärt.
b) Erstelle eine Tabelle zum Diagramm.
c) Erstelle zur Tabelle ein Säulendiagramm, das bei 0 Minuten beginnt.

4 Sucht in Zeitungen und Zeitschriften nach Diagrammen.
Findet heraus, was man aus den Schaubildern ablesen kann.
Erkläre deinem Partner.

AH 82 **KV** 71

1

2 Rechne wie Max.

a) 519 · 20 12
872 · 30 15
436 · 40 16
618 · 50 12
756 · 60 18

b) 380 · 100 11
708 · 300 9
970 · 500 17
506 · 700 14
880 · 900 18

c) 1 649 · 60 30
8 476 · 80 29
4 509 · 90 18
7 085 · 70 32
9 007 · 90 18

d) 23 555 · 40 17
30 978 · 30 27
50 086 · 30 21
39 088 · 50 23
27 909 · 70 27

3

a)
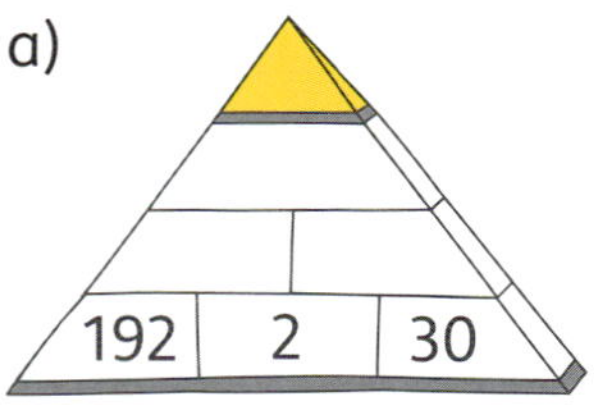

b)
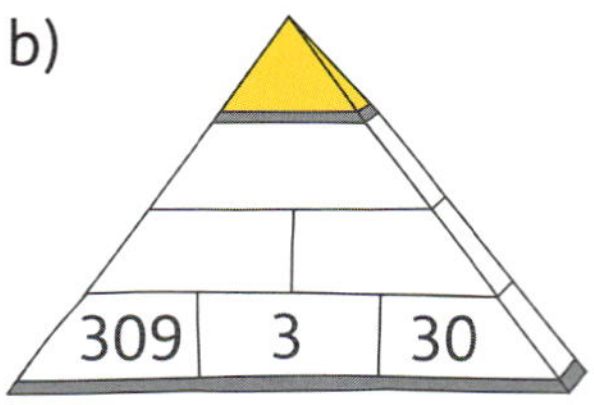

c)
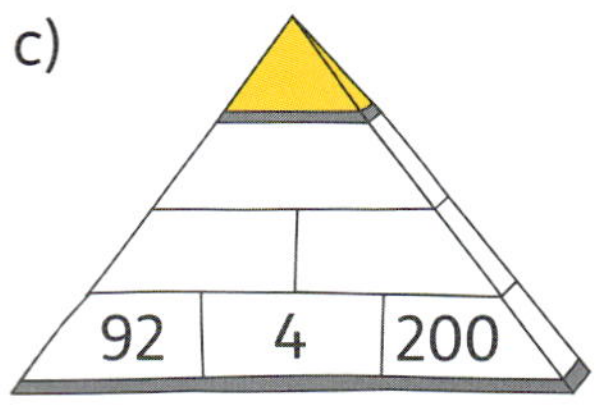

d)
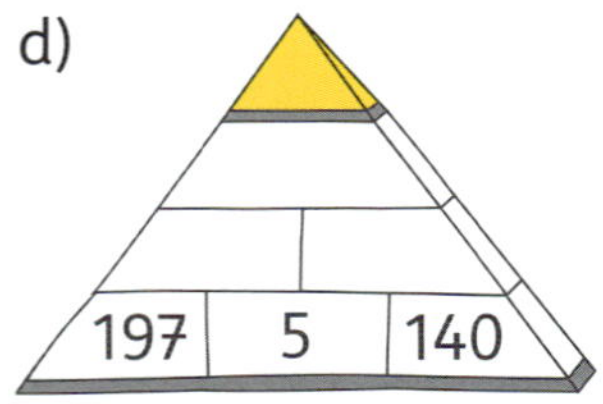

e)
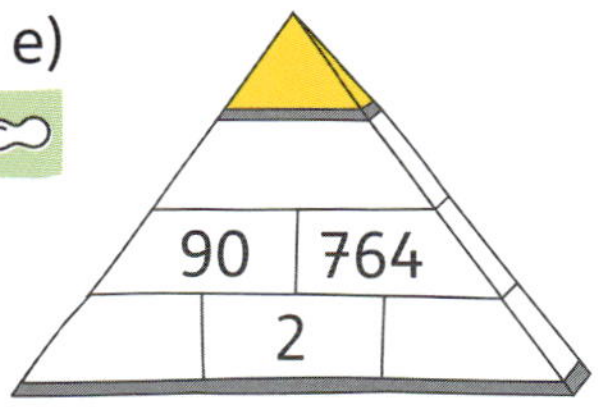

f)
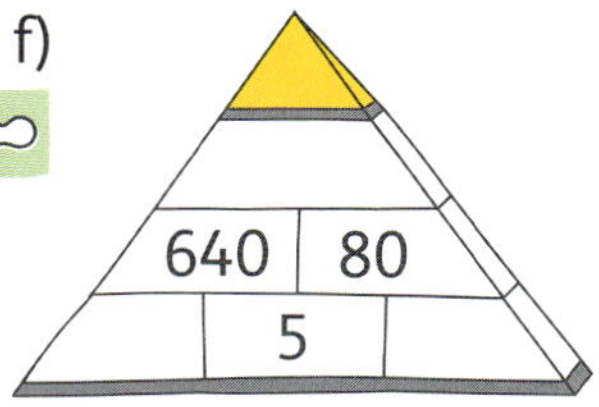

g)
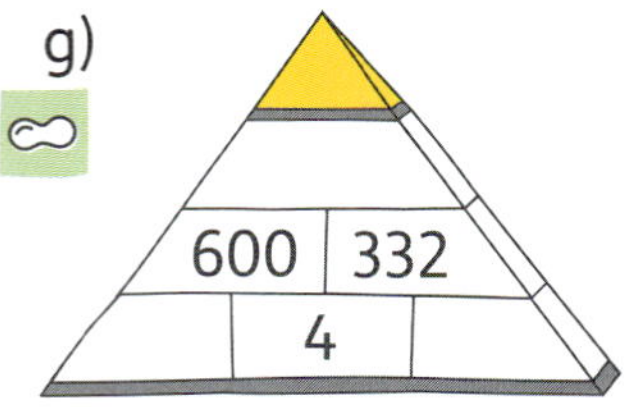

h)
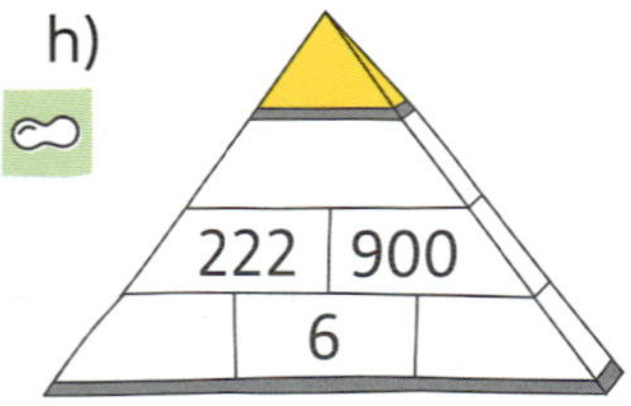

4

a) Mara
Ich denke mir eine Zahl. Man erhält sie, wenn man 875 mit 700 multipliziert. 14

b) Leon
Meine Zahl erhältst du, wenn du 608 mit dem 8-Fachen von 10 multiplizierst. 22

c) Jana
Wenn du das 3-Fache von 25 mit 8 multiplizierst und das Ergebnis dann noch mit 1 661 multiplizierst, erhältst du meine Zahl. 30

d) Ben
Meine Zahl erhältst du, wenn du das 80-Fache von 125 mit dem 4-Fachen von 25 multiplizierst und das Ergebnis halbierst. 5

3 KV nutzen.

AH 83 KV 9–10

1

2 Rechne wie Max oder Emma.

a)		b)		c)		d)	
92 · 13	17	835 · 17	20	1 682 · 43	20	18 454 · 48	39
74 · 25	14	306 · 55	18	4 092 · 94	33	27 533 · 57	33
83 · 32	19	572 · 38	19	7 163 · 68	31	46 308 · 23	24
68 · 47	19	706 · 74	17	9 607 · 76	16	51 076 · 26	35
96 · 78	27	872 · 93	24	8 987 · 93	33	32 809 · 39	30

3

a)
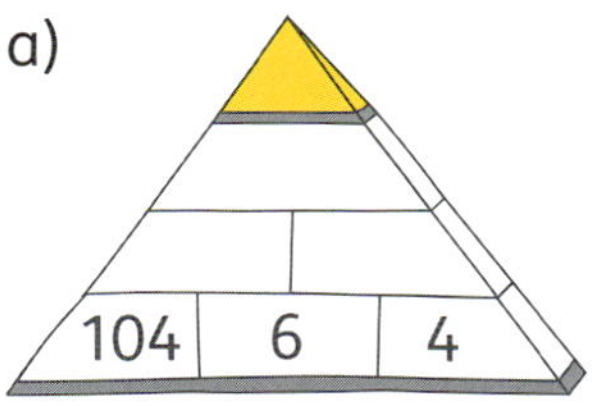

b)
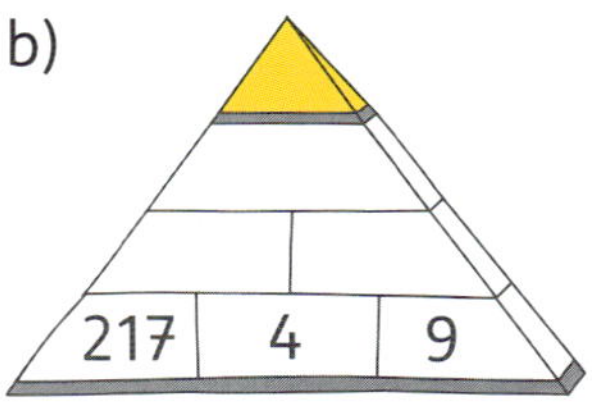

c)
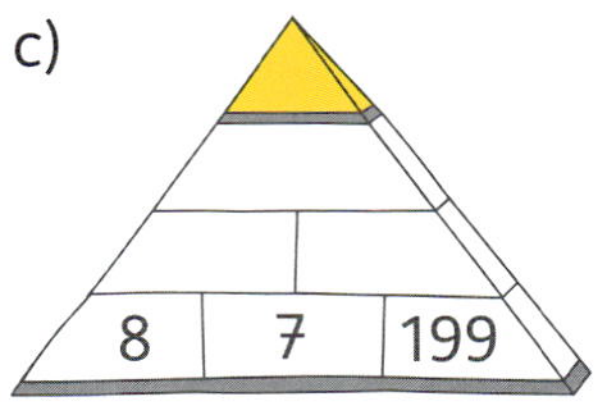

d)
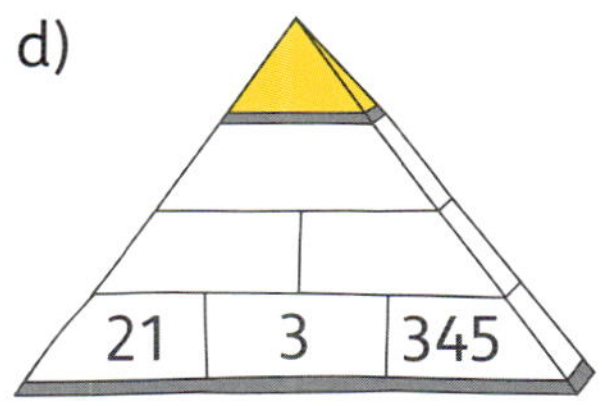

e)
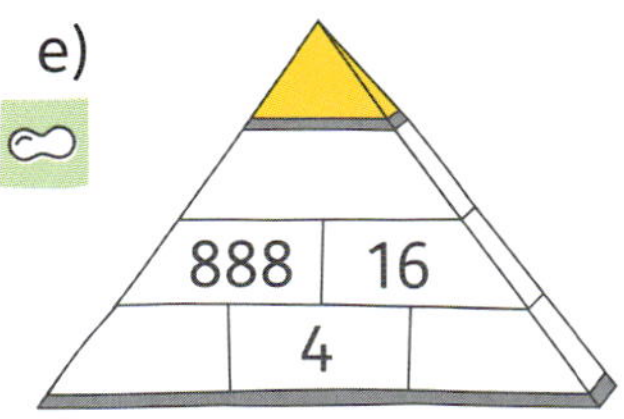

f)
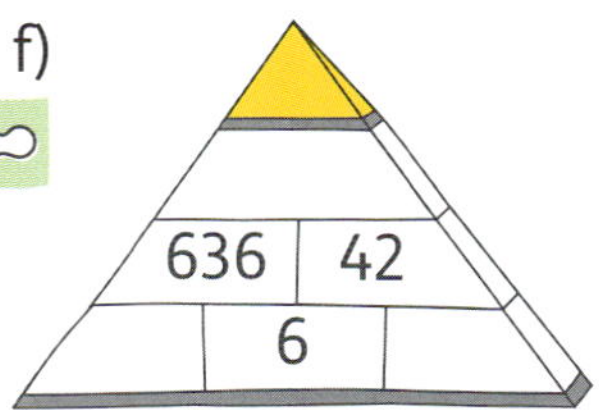

g)
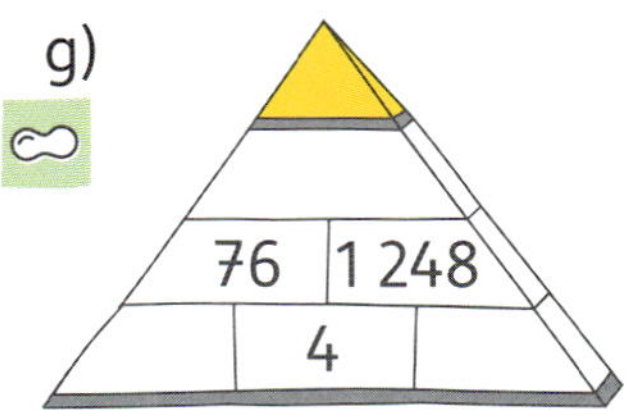

h)
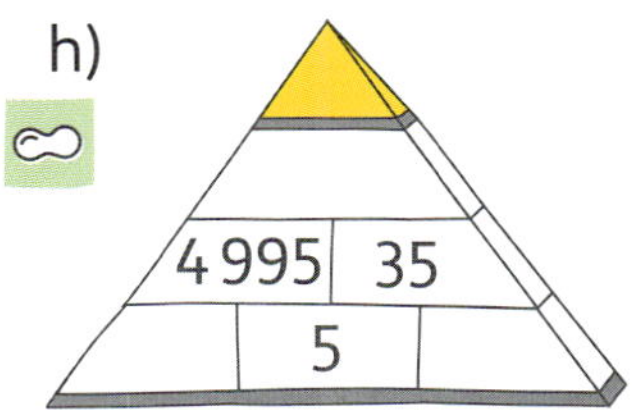

4

a) Mara
Ich denke mir eine Zahl. Du erhältst die Zahl, wenn du 999 mit 99 multiplizierst. 27

b) Leon
Multipliziere das 7-Fache von 7 mit 2 534 und du erhältst meine Zahl. 20

c) Jana
Meine Zahl erhältst du, wenn du zum 6-Fachen von 10 die Zahl 3 addierst und das Ergebnis mit 909 multiplizierst. 27

d) Ben
Wenn du 16 mit 4 multiplizierst und dann das Ergebnis mit dem 3-Fachen von 643 multiplizierst, erhältst du meine Zahl. 21

3 KV nutzen.

1

2 Rechne wie Emma oder Fatima.

a)
- 621 · 354 27
- 439 · 625 28
- 158 · 719 13
- 572 · 246 15
- 317 · 481 26

b)
- 444 · 218 33
- 342 · 555 27
- 773 · 337 14
- 858 · 585 18
- 666 · 666 27

c)
- 813 · 102 27
- 791 · 306 18
- 967 · 805 34
- 608 · 470 28
- 540 · 609 27

d)
- 3 648 · 237 36
- 4 571 · 214 38
- 5 353 · 152 29
- 2 446 · 305 20
- 6 092 · 108 36

3

a)
```
_ 3 6 · 5 _ 3
    2 1 _ _
        4 3 6
        _ 3 0 8
    _ _ 3 6 _ _
```

b)
```
8 _ 3 · 6 _ 5
    4 _ 1 8
      1 _ 0 6
          4 0 _ _
    _ _ 1 8 _ _
```

c)
```
3 1 2 · 3 _ _
      9 3 6
      1 2 _ _
          3 1 2
    _ 0 _ 3 _ 2
```

d)
```
_ _ _ · 4 8 5
  2 0 8 4
    4 1 6 _
      _ 6 0 _
  2 _ 2 6 _ 5
```

e)
```
2 7 0 · _ _ _
  1 0 8 0
      8 1 0
      _ 6 2 0
  _ _ 7 _ _ _
```

4

a)
- 109 · 11
- 208 · 11
- 307 · 11
- 406 · 11

b)
- 505 · 901
- 505 · 802
- 505 · 703
- 505 · 604

c)
- 271 · 123
- 271 · 164
- 271 · 205
- 271 · 246

d)
- 5 291 · 189
- 5 291 · 168
- 5 291 · 147
- 5 291 · 126

e) 22 · 202

f) 555 · 91

1

2 Überschlage zuerst. Rechne dann genau. Vergleiche die Ergebnisse mit dem Überschlag.

a)	b)	c)	d)
583 · 30	341 · 82	3 087 · 15	248 · 197
602 · 50	867 · 25	7 551 · 39	613 · 481
895 · 40	645 · 49	4 807 · 74	357 · 524
951 · 90	911 · 61	6 254 · 95	460 · 626
213 · 70	534 · 55	8 950 · 21	702 · 908

3 Überschlage und antworte.

a) Liegt das Ergebnis zwischen 20 000 und 30 000?

287 · 90
403 · 80
794 · 30
312 · 70
648 · 20

b) Liegt das Ergebnis zwischen 30 000 und 40 000?

631 · 59
895 · 41
732 · 74
326 · 62
412 · 83

c) Liegt das Ergebnis näher bei 400 000 oder bei 500 000?

832 · 495
691 · 689
548 · 713
859 · 627
507 · 902

4 Finde Rechenfehler und korrigiere sie.

```
860 · 64
 5160
  3440
   1
 55040
```

a) 860 · 64 = 54 040
904 · 81 = 73 224
542 · 48 = 36 016
978 · 46 = 44 988

b) 603 · 75 = 55 225
996 · 34 = 33 864
458 · 68 = 31 144
248 · 97 = 24 156

c) 3 862 · 56 = 116 272
7 628 · 87 = 663 636
4 703 · 64 = 300 992
9 658 · 38 = 367 002

d) 579 · 425 = 246 075
346 · 682 = 235 972
412 · 393 = 161 616
738 · 809 = 587 042

1

2 Wie rechnest du?

a)		b)		c)		d)	
9 540 : 30	12	87 550 : 50	14	83 680 : 80	11	99 480 : 40	21
7 680 : 40	12	77 040 : 60	15	89 880 : 70	15	15 960 : 30	10
6 820 : 20	8	69 300 : 90	14	47 060 : 20	13	61 600 : 80	14
9 950 : 50	19	41 090 : 70	20	70 350 : 30	14	72 030 : 70	12
8 610 : 30	17	25 680 : 80	6	23 530 : 10	13	99 840 : 60	17

3 Immer 2 Kärtchen haben dasselbe Ergebnis.

64160 : 80 =
6416 : 8 =

64 160 : 80 | 32 800 : 40 | 2 560 : 2 | 36 480 : 80 | 3 648 : 8 | 9 840 : 80 | 69 090 : 70 | 4 960 : 40 | 6 909 : 7 | 25 600 : 20 | 2 730 : 6 | 3 280 : 4 | 496 : 4 | 6 416 : 8 | 27 300 : 60 | 984 : 8

4

a) Im Schwirrflug schlägt der Kolibri etwa 11 700-mal in der Minute mit den Flügeln. Wie viele Flügelschläge sind das in der Sekunde? 15

b) Ein Schwertwal soll in der Stunde bis zu 54 Kilometer weit schwimmen können. Wie viele Meter schwimmt er in einer Minute? 9

c) Ein Elefant frisst am Tag etwa 200 kg Pflanzenkost (Blätter, Zweige, Wurzeln ...). 4 Stunden ruht oder schläft er. Wie viel frisst er in einer Stunde? 1

d) Der Vogel Strauß wiegt etwa 105 kg. Im Jahr legt er ca. 70 Eier. Dies entspricht in etwa seinem Körpergewicht. Ein Hühnerei wiegt 60 g. Wie viele Hühnereier wiegen soviel wie ein Straußenei? 7

AH 86

1

2 Überschlage zuerst. Rechne dann genau. Kontrolliere mit der Probe.

a)	b)	c)	d)
9780 : 20	15 570 : 90	51 980 : 20	251 150 : 50
8320 : 40	29 580 : 30	12 640 : 80	319 690 : 70
5340 : 30	50 470 : 70	85 950 : 90	414 120 : 60
6150 : 50	33 300 : 60	37 050 : 50	645 520 : 80
8520 : 40	49 840 : 80	35 880 : 40	524 880 : 90

3 Überschlage und antworte.

a) Ist das Ergebnis kleiner als 1 000?

24 540 : 60
47 680 : 80
81 660 : 20
53 760 : 60
59 910 : 30

b) Ist das Ergebnis größer als 1 000?

61 740 : 30
39 690 : 70
70 840 : 20
60 920 : 40
71 840 : 80

c) Liegt das Ergebnis näher bei 100 oder näher bei 1 000?

15 470 : 70
31 760 : 40
32 040 : 90
38 950 : 50
30 840 : 30

4 Finde Rechenfehler und korrigiere sie.

8320 : 40 = 208
-80
32
- 0
320
-320
0

a) 8320 : 40 = 28
9270 : 30 = 39
5040 : 60 = 84
4480 : 80 = 56

b) 17 550 : 50 = 351
65 160 : 60 = 186
40 460 : 70 = 579
17 730 : 90 = 197

c) 139 400 : 50 = 2 788
349 860 : 60 = 5 830
483 480 : 40 = 1 287
331 940 : 70 = 4 742

d) 789 680 : 80 = 9 871
241 650 : 50 = 5 830
411 560 : 20 = 2 578
109 740 : 30 = 2 658

1

Carl Friedrich Gauß

Carl Friedrich Gauß lebte von 1777 bis 1855.
Er war ein berühmter Mathematiker.
Von ihm wird berichtet, dass er schon in der Grundschule seine Lehrer durch seine Rechenkünste verblüffte.

Als Carl Friedrich Gauß 9 Jahre alt war, stellte Lehrer Büttner die Aufgabe, die Zahlen von 1 bis 100 zu addieren.

$1 + 2 + 3 + 4 + 5 + 6 + 7 + 8 + 9 + 10 + 11 + ... + 95 + 96 + 97 + 98 + 99 + 100 = \square$

Alle Kinder arbeiteten angestrengt und addierten mühsam Zahl um Zahl. Aber der kleine Gauß legte nach nur wenigen Minuten seine Schiefertafel mit dem richtigen Ergebnis auf das Pult des völlig überraschten Lehrers.
Carl Friedrich Gauß hatte einen Trick gefunden, mit dem er schnell rechnen konnte.
Du entdeckst den Trick, wenn du dir die Aufgabe von Max und seinen Lösungsweg anschaust.

Aufgabe: Addiere alle Zahlen von 1 bis 10.

Max

1	2	3	4	5
+	+	+	+	+
10	9	8	7	6

$5 \cdot 11 = \square$

a) Wie rechnet Max?
Einen Hinweis auf den Trick findest du auch durch die farbigen Felder auf der Hundertertafel.
b) Wie hättest du gerechnet?
c) Wie groß ist dann die Summe der Zahlen von 1 bis 100?

2

Berechne die Summe der Zahlen

a) von 1 bis 20.
b) von 1 bis 1 000.
c) von 1 bis 49.
d) von 1 bis 199.

$1 + 20 = \square$
$2 + 19 = \square$

3

Eine Turmuhr schlägt immer nur zur vollen Stunde: Um 1 Uhr schlägt sie einmal, um 2 Uhr zweimal usw.

a) Wie oft schlägt die Uhr insgesamt in 12 Stunden?
b) Wie oft schlägt sie täglich?
c) Wie oft schlägt sie in einer Woche?

1 Ali spielt gern Schach. Das Spiel wurde in Indien erfunden. In einem Buch fand er folgende Geschichte über diese Erfindung:

Ein indischer König war vom Schachspiel so begeistert, dass er den Erfinder zu sich rief und sprach: „Kluger Mann, womit kann ich dich belohnen? Du hast einen Wunsch frei." Der Mann dachte eine Weile nach. Dann nahm er ein Schachbrett und sagte: „Belohne mich mit Reiskörnern. Gib mir für das erste Feld ein einziges Korn, für das 2. doppelt so viel wie für das erste, also 2. Für das 3. Feld möchte ich doppelt so viel wie für das 2. und so fort bis zum 64. Feld."

a) Ob der König diesen Wunsch erfüllen konnte? Was denkst du?
b) Schätze: Auf welchem Feld werden etwa 1 000 (10 000, 100 000) Reiskörner liegen?
c) Rechne genau aus, wie viele Körner auf den ersten 20 Feldern liegen.

Feld	1	2	3	4	5
Körnerzahl	1	2	4	8	

Wie viele Körner sind es auf diesen 20 Feldern insgesamt?
d) Vergleiche die Gesamtzahl der Körner auf den Feldern 1 bis 19 mit der Körnerzahl auf Feld 20. Welche Zahl wird größer sein? Schätze zuerst, rechne dann.

2 a) Wie lang ist ungefähr ein Reiskorn? Wie lang wird etwa die Strecke, wenn die Reiskörner vom 20. Feld hintereinander gelegt werden?

b) Finde heraus, wie schwer ungefähr 100 Reiskörner sind. Wie schwer sind dann etwa die Körner auf dem 20. Feld?

3 a) Uwe nimmt statt der Reiskörner 1 mm hohe Cent-Stücke und baut Türme. Wie hoch wird jeweils der Turm auf den Feldern 1 bis 16?
b) Ein 1-Cent-Stück ist ungefähr 2 g schwer. Wie schwer wird ein Beutel mit Cent-Stücken auf dem 10., 15. oder 20. Feld?

1 Überschlage und rechne schriftlich.

92 Q

a)		b)		c)		d)	
658 : 7	13	3 384 : 3	12	68 992 : 8	20	360 018 : 2	18
435 : 5	15	6 456 : 8	15	16 155 : 9	22	883 364 : 4	17
912 : 3	7	3 048 : 4	15	87 101 : 7	14	216 324 : 6	18
504 : 6	12	1 914 : 2	21	27 040 : 5	17	825 606 : 9	24

2 Rechne schriftlich. Kontrolliere mit der Probe.

96

a)	b)	c)
543 : 2	2 765 : 6	17 542 : 9
543 : 5	7 072 : 5	52 769 : 4
543 : 4	8 528 : 3	507 121 : 3
543 : 7	1 625 : 8	797 307 : 9

3 Frage, löse und antworte.

96

a) In einen Wagen der Geisterbahn „Spuk" passen immer 4 Personen. In einer Woche waren es 6 310 Fahrgäste.

b) Frau Rusch kauft für sich, ihre 3 Kinder und ihren Mann je eine Bratwurst und bezahlt 17,50 €.

c) Zur Kirmesparty kommen 765 Gäste ins große Festzelt. Es gibt nur 8er-Tische.

4 Du gewinnst bei 1 und Rot. Welches Glücksrad wählst du jeweils?

101

a) 

b) 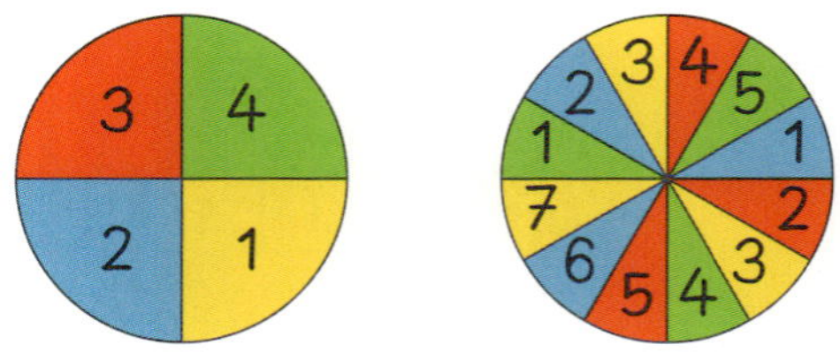

c) 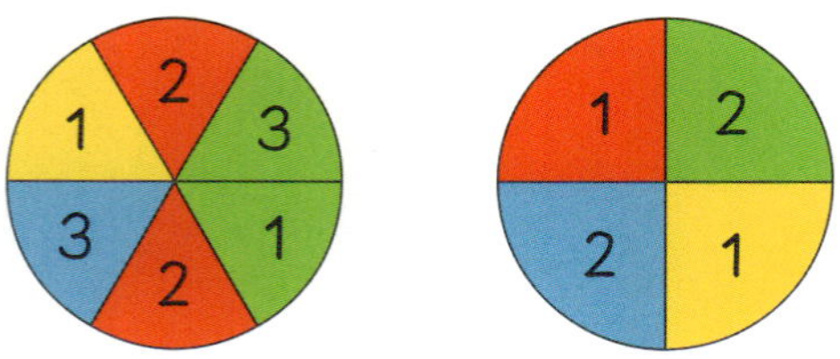

d) 

5 Tim hat 2 rote und 2 blaue Würfel. Er baut daraus Vierertürme.
Wie viele verschiedene Türme kann er bauen? Zeichne deine Türme auf.

103

6 Überschlage und rechne schriftlich.

107 108 Q

a)		b)		c)		d)	
324 · 600	18	4 617 · 30	18	1 813 · 26	23	2 641 · 337	25
298 · 400	13	6 852 · 50	15	5 794 · 35	20	7 192 · 108	36
806 · 700	17	9 073 · 80	26	3 906 · 88	27	3 507 · 259	24
570 · 900	9	7 209 · 20	18	8 028 · 47	27	1 064 · 575	16

AH 88 **KV** 35, 66, 95 – 97

1 Zeichne jede Figur in dein Heft und ergänze das Spiegelbild. Kontrolliere mit dem Spiegel.

Kl. 3

a) 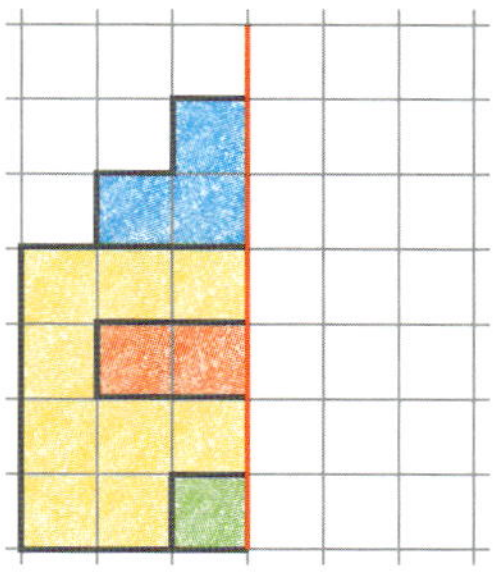

b) 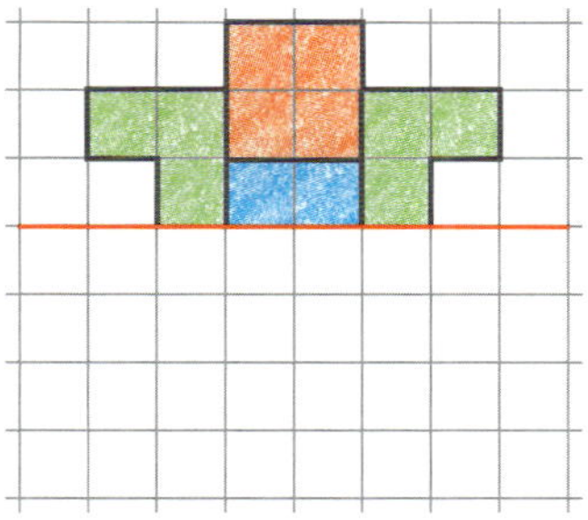

c) 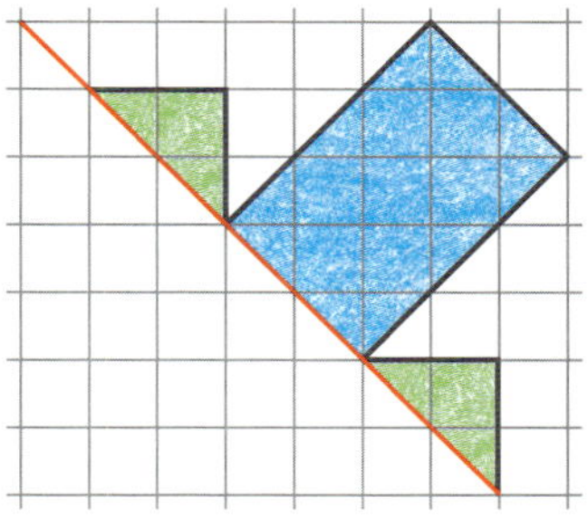

2 Rechne um:

Kl. 3

a) in Minuten und Sekunden.

70 s	82 s	97 s	105 s
181 s	350 s	480 s	299 s

b) in Stunden und Minuten.

80 min	105 min	173 min	184 min
329 min	238 min	412 min	606 min

3 Berechne die Zeitdauer.

Kl. 3

a) 8.20 Uhr — __ h __ min → 10.50 Uhr
6.15 Uhr — __ h __ min → 11.35 Uhr
13.05 Uhr — __ h __ min → 17.40 Uhr

b) 9.34 Uhr — __ h __ min → 15.42 Uhr
12.58 Uhr — __ h __ min → 16.07 Uhr
14.29 Uhr — __ h __ min → 20.53 Uhr

4 Die Kinder haben unterstrichen, was sie zum Beantworten ihrer Frage brauchen. Welches Kind möchte welche Frage beantworten?

55

Frieda fährt am Mittwoch zur Buchhandlung Bücherwurm. Sie braucht mit dem Fahrrad 15 Minuten. Zuerst schaut sie sich ein bisschen um und bittet dann eine Verkäuferin um Hilfe. Diese empfiehlt 3 Bücher. Das Buch „Schreckensstunde um Mitternacht" Band 1 kann Frieda sofort mitnehmen, den 2. Band muss sie bestellen. Das dauert 2 Tage. Beide Bücher kosten gleich viel. Zusammen sind es 14,80 €. Den 3. Band wünscht sie sich zum Geburtstag. Insgesamt ist Frieda 35 Minuten in der Buchhandlung. Auf dem Rückweg hat sie Gegenwind und braucht 5 Minuten länger als auf dem Hinweg.

A An welchem Wochentag kann Frieda ihr bestelltes Buch abholen?

B Wie viel kostet ein Buch?

C Wie lange ist Frieda insgesamt unterwegs?

5 Zeichne mit dem Geodreieck auf weißes Papier:

35
36

a) ein Rechteck, das kein Quadrat ist,
b) ein Parallelogramm, das kein Rechteck ist,
c) ein Trapez, das kein Parallelogramm ist,
d) ein Viereck, das kein Trapez ist.

Sächsische Schweiz

Der sächsische Teil des Elbsandsteingebirges wird **„Sächsische Schweiz"** genannt. Diesen Namen trägt auch der Nationalpark. Die Sächsische Schweiz ist Teil des Landkreises „Sächsische Schweiz – Osterzgebirge".
Zum Landkreis gehören 36 Städte und Gemeinden.
Kreissitz ist Pirna mit 37 648 Einwohnern (2015).

Bevölkerungszahl des Landkreises 2015

insgesamt	davon männlich
245 822	121 369

Berge	Höhe
Großer Zschirnstein	562 m
Lilienstein	415 m
Wachberg	496 m
Papststein	451 m
Pfaffenstein	434 m

Die **Bastei** liegt 194 m über der Elbe und ist ein berühmter Aussichtspunkt. Die 76 m lange Basteibrücke wurde aus Sandstein gebaut und verbindet die Bastei mit der Felsenburg Neurathen.

Durch die Sächsische Schweiz fließt die Elbe. Dieser wichtige Fluss legt von seiner Quelle im tschechischen Riesengebirge bis zu seiner Mündung in die Nordsee eine Strecke von 1 165 km zurück.
Die Elbe wird auf ihrer gesamten Länge vom **Elberadweg** begleitet.
Er gehört zu den beliebtesten Radwegen Deutschlands. Die Strecke in Deutschland ist 860 km lang und teilt sich in 3 Abschnitte:
Abschnitt 1: Grenzort Schöna bis Dessau
Abschnitt 2: Dessau bis Wittenberge (250 km)
Abschnitt 3: Wittenberge bis Cuxhaven

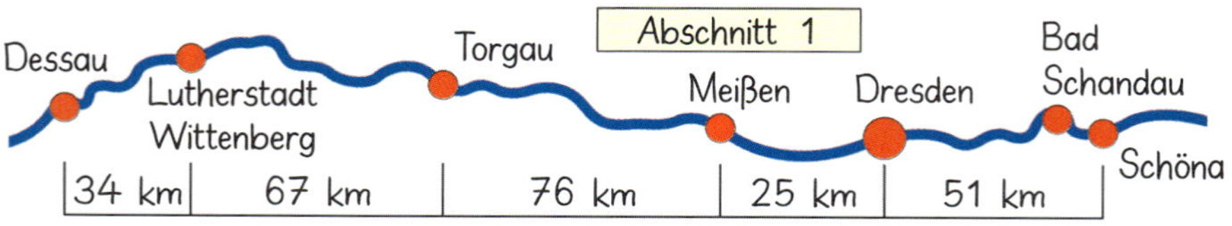

1 Berechne die Zahl der weiblichen Bevölkerung im Landkreis Sächsische Schweiz-Osterzgebirge im Jahr 2015.

2 a) Zeichne ein Diagramm für die Berghöhen der Sächsischen Schweiz.
b) Berechne die Höhenunterschiede des höchsten Berges der Sächsischen Schweiz zum Fichtelberg (1 215 m) und zur Zugspitze (2 962 m).

3 a) Wie lang sind die Abschnitte 1 und 3 des Elberadweges?
b) Wie lange müsstest du etwa ununterbrochen mit deinem Fahrrad fahren, wenn du 15 km in einer Stunde schaffst und von Schöna bis Cuxhaven fahren möchtest?

Die **Festung Königstein** steht auf bis zu 42 m hohen Felswänden ungefähr 240 m über der Elbe.
Die Festungsmauer ist insgesamt 2,2 km lang.
Der 152,5 m tiefe und 3,5 m breite Brunnen wurde von 1563 bis 1569 durch den Fels gehauen. Er ist der tiefste Burgbrunnen in Sachsen. Im Keller der Magdalenenburg stand bis 1818 das größte Weinfass der Welt mit 238 000 l Fassungsvermögen.

Besucherzahlen

2012	2013	2014
12 380 mehr als 2013	465 806	44 794 mehr als 2013

Die Sächsische Schweiz ist eines der bekanntesten Klettergebiete Deutschlands. An mehr als 1 100 Gipfeln gibt es über 17 000 Wege des freien Kletterns.
Das **Klettern** in der Sächsischen Schweiz darf nur an allseitig frei stehenden Felsen von mindestens 10 m Höhe erfolgen und hat genau festgelegte Regeln.

Ein beliebtes Klettergebiet sind die **Affensteine**, eine stark zerklüftete Felsgruppe mit insgesamt 119 Gipfeln.
Dazu gehören diese Kletterfelsen:

Bloßstock	80 m Höhe
Brosinnadel	15 m Höhe
Morscher Zinne	70 m Höhe
Domwächter	35 m Höhe
Affenstein	45 m Höhe
Wilder Kopf	50 m Höhe

In der Sächsischen Schweiz gibt es mehr als 1 200 markierte **Wanderwege**.
Der 112 km lange Malerweg gehört zu den schönsten Wandertouren Deutschlands. Er führt vorbei am Kuhstall, einem Felsentor.
Außerdem treffen in der Sächsischen Schweiz 3 Fernwanderwege aufeinander:

Europäischer Fernwanderweg E3 — Länge: 6 950 km
Kap Emine Bulgarien – Santiago de Compostela (Spanien)

Internationaler Bergwanderweg EB — Länge: 2 650 km
Eisenach (Thüringen) – Budapest (Ungarn)

Wanderweg der deutschen Einheit WDE — Länge: 1 080 km
Görlitz (Sachsen) – Aachen (Nordrhein-Westfalen)

4 a) Berechne die Besucherzahlen auf der Festung Königstein für 2012 und 2014. Vergleiche.
b) Wie viele 12-Liter-Eimer müsste man etwa ausschütten, um das große Weinfass zu füllen?

5 Wie viele Tage ist man ungefähr unterwegs, wenn man täglich auf dem Weg von Görlitz nach Aachen etwa 40 km wandert und nach 5 Tagen jeweils einen Tag Pause macht?

1

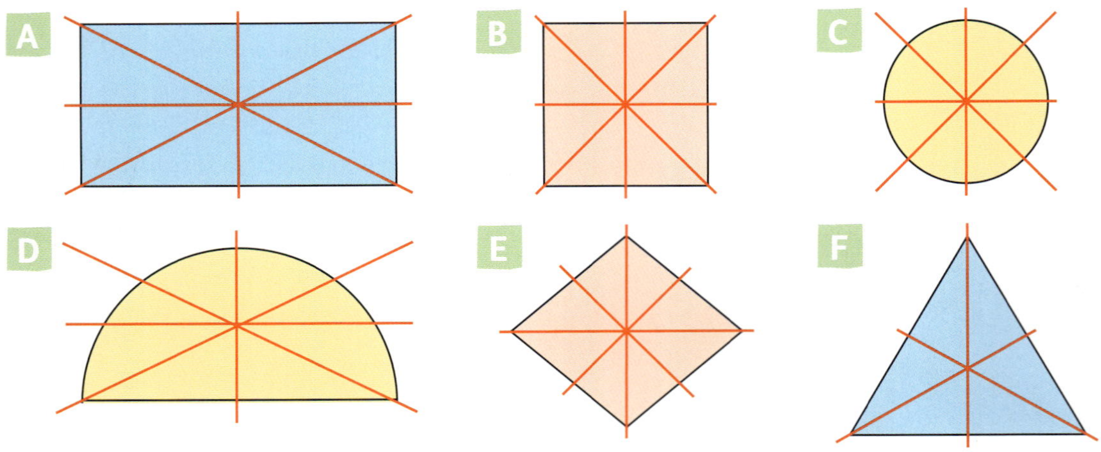

a) Sind alle roten Linien Symmetrieachsen? Überprüfe mit einem Spiegel.
b) Welche Figur hat die meisten Symmetrieachsen? Welche die wenigsten?

2 Zeichne die Figuren in dein Heft und ergänze die Spiegelbilder. Kontrolliere mit dem Spiegel.

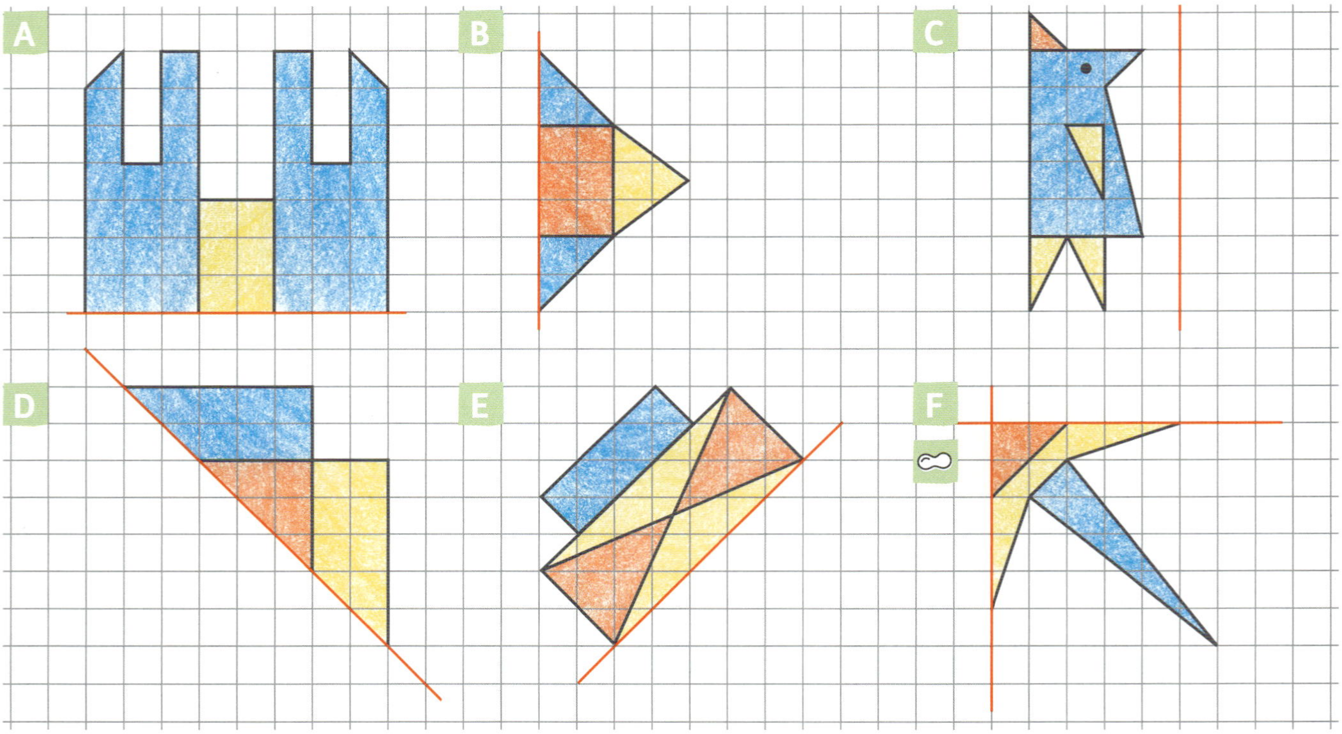

3 a) Kannst du die Spiegelschrift lesen?
b) Schreibe eigene Wörter in Spiegelschrift. Dein Partner soll sie mit dem Spiegel lesen.

HEUTE NACHMITTAG
TREFFEN WIR UNS ALLE
AUF DEM ABENTEUER-
SPIELPLATZ BEI DER
ALTEN BURG.
KOMMST DU AUCH?

JA, ICH KOMME MIT MEINEM
BRUDER HANS UM 15 UHR.
WIR BRINGEN AUCH
UNSEREN HUND BELLO MIT.
BIS DANN. WIR FREUEN UNS.

1

a) Die Kinder haben quadratische Blätter gefaltet, Figuren aufgezeichnet und ausgeschnitten. Welches Blatt gehört zu welchem Kind?

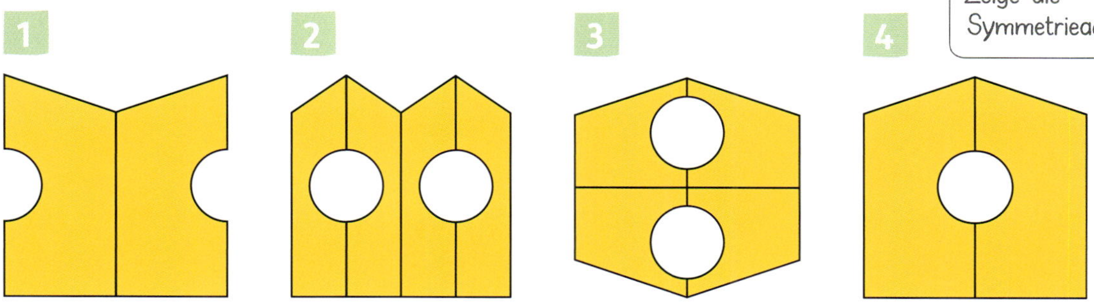

b) Fertige selbst solche Figuren an. Kennzeichne die Symmetrieachsen.

2 Max hat 6 weitere Figuren gezeichnet und ausgeschnitten. Was passt zusammen? Begründe.

3

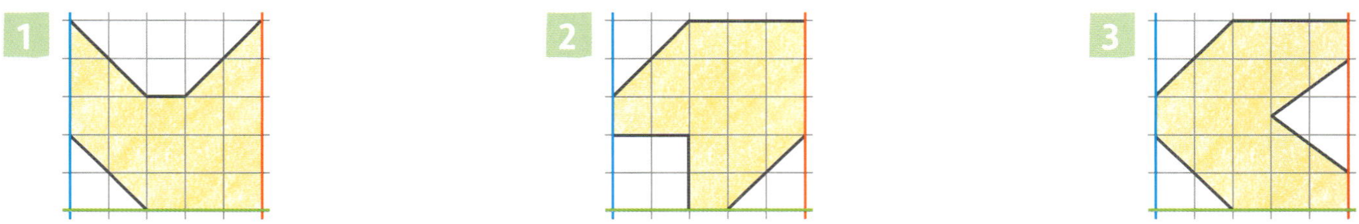

a) Spiegle jede Figur an der roten Symmetrieachse.
b) Spiegle jede Figur an der blauen Symmetrieachse.
c) Spiegle zuerst an der roten und dann die gesamte Figur an der blauen Achse.
d) Spiegle zuerst an der roten und dann die gesamte Figur an der grünen Achse.

1 Zahlenrätsel, bei denen die Zahlen durch Symbole ersetzt sind, nennt man Kryptogramme.

Übertrage die Tabelle in dein Heft. Trage deine gefundenen Lösungen ein.

Zeichen	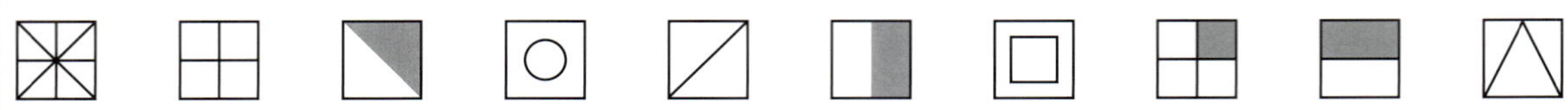									
Zahl				4						

Wie heißen die Aufgaben? Schreibe sie auf.

a)

b)

 1 KV nutzen.

1 Der römische Imperator Julius Cäsar soll vor über 2 000 Jahren eine besondere Methode genutzt haben, um geheime Botschaften an seine Feldherren zu verschlüsseln. Auch für Liebesbriefe an die ägyptische Königin Kleopatra hat er diese Methode benutzt. Denn nur wer seinen Code kannte, konnte die Botschaft lesen.

Alphabet	A	B	C	D	E	F	...
geheim	C	D	E	F	...		

Das ist Code 2.
Betrachte die Tabelle und erkläre Cäsars Methode.

a) Übertrage die Tabelle in dein Heft und vervollständige sie. Am Ende werden die ersten Buchstaben wieder eingesetzt.
b) Entschlüssle Cäsars Botschaft an seinen Feldherrn Carlo mit Code 2:

FGO VCRHGTGP JKNHV FCU INWGEM! KO YCNF YWTFGP YKNFUEJYGKPG IGUKEJVGV. FKG YGTFGP WPU XQTVGHHNKEJ UEJOGEMGP. ECTNQ, GTTKEJVGV FCU HGNFNCIGT WPF NCUUV KPU LCIFJQTP DNCUGP.

2 Der Code wechselte natürlich ständig.
Um das Alphabet nicht immer aufschreiben zu müssen, wurde eine besondere Scheibe verwendet.
a) Wie heißt sein Code jetzt? Code
b) Entschlüssle mit diesem Code die Antwort Carlos. Bastle dir dazu selbst eine Cäsar-Scheibe.

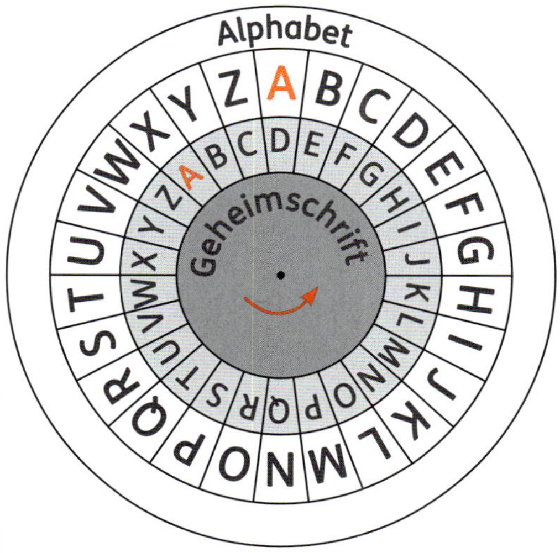

JHELHWHU, YRU GHQ WRUHQ URPV VWHKHQ ZLU LQ CZHL WDJHQ. PLW XQV VLQG CZDQCLJ HOHIDQWHQ, HLQKXQGHUW SIHUGH XQG GUHLCHKQ IHWWH ZLOGVFKZHLQH.

3 Kleopatra wollte natürlich auch nicht, dass jeder ihre Briefe an Cäsar lesen kann.
a) Verschlüssle den Text. Verwende Code 5.

OH, MEIN GELIEBTER,
ICH WERDE BALD NACH ROM KOMMEN UND UNSEREN SOHN MITBRINGEN. MAN HOERT WENIG GUTES IN DIESER ZEIT. PASST AUF EUCH AUF, KLEOPATRA.

b) Schreibe eigene Botschaften mit der Cäsar-Scheibe.
Gib sie mit dem Code einem Partner zum Entschlüsseln.

KV nutzen.

AH 91 KV 74–75

Zeitpunkt und Zeitspanne

Zu unserem Sonnensystem gehören 8 Planeten und ein Zwergplanet.
Sie sind unterschiedlich weit von der Sonne entfernt und brauchen verschieden lange, bis sie sich einmal um die Sonne gedreht haben.

1 Was kannst du aus der Tabelle ablesen?

Planet	Umlaufdauer um die Sonne
Jupiter	12 Jahre
Uranus	84 Jahre
Venus	225 Tage
Mars	687 Tage
Neptun	165 Jahre
Saturn	$29\frac{1}{2}$ Jahre
Merkur	88 Tage
Erde	365 Tage (1 Jahr)

3 Wie alt sind die Personen?

Max
Ich habe mich schon 10-mal mit der Erde um die Sonne gedreht.

Jossie
Mein Opa Otto ist 10 Jahre jünger, als der Uranus für eine Runde um die Sonne braucht.

5 Weil die Erde für ihren Weg um die Sonne etwa 6 Stunden länger als 365 Tage braucht, wird jedes 4. Jahr um einen Tag verlängert – den 29. Februar. Diese Jahre heißen Schaltjahre und haben 366 Tage.

Das Jahr 2016 war ein Schaltjahr.
Schreibe 5 frühere und 5 spätere Schaltjahre auf.

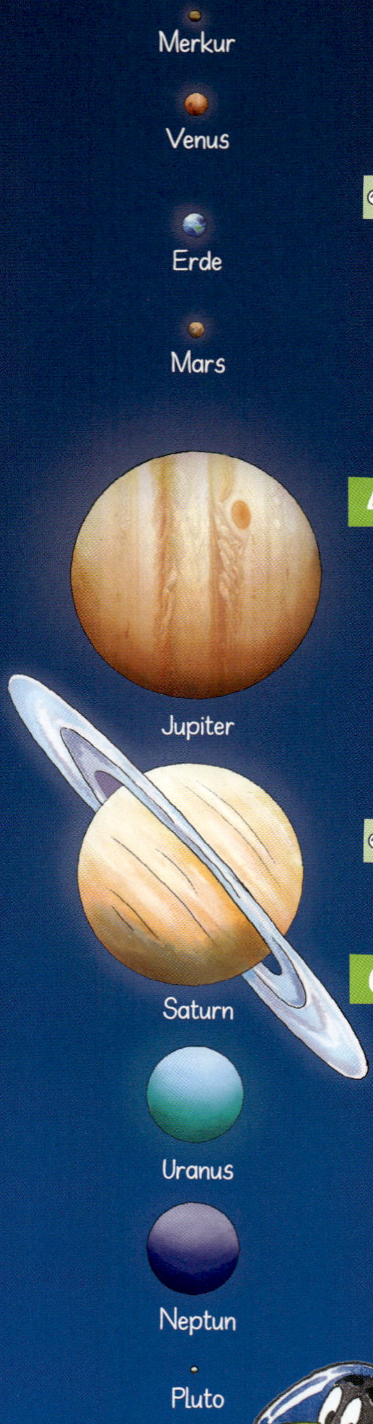

2 a) Ordne die Planeten nach ihrer Umlaufdauer. Beginne mit der kürzesten Dauer. Was fällt dir auf?

b) Gib für Jupiter (Saturn, Uranus, Neptun) die Umlaufdauer in Tagen an. Rechne mit 365 Tagen für ein Jahr.

4 Vergleiche die Umlaufdauer von Planeten um die Sonne miteinander.

a) Erde – Jupiter
Erde – Saturn

b) Erde – Mars
Erde – Venus

c) Jupiter – Uranus
Merkur – Mars

6 Wandle um in …

a) Jahre:
24 Monate,
60 Monate,
18 Monate.

b) Monate:
$\frac{1}{2}$ Jahr,
4 Jahre,
61 Tage.

c) Stunden:
4 Tage,
1 Woche,
Juli.

d) Minuten:
$\frac{1}{4}$ h,
5 h 8 min,
1 Tag.

1 a) Zeige die Jahreszahlen auf der Zeitleiste.
b) Ordne. Beginne mit dem frühesten Datum.
c) Wie viel Zeit ist seither vergangen? Schreibe in Jahren.

S Im Jahre 1609 schaute Galileo Galilei zum ersten Mal durch ein Fernrohr in den Himmel.

T Am 20. Juli 1969 betraten die ersten Menschen den Mond: Neil Armstrong und Edwin Aldrin.

K Die Weltraum-forschungsstation ISS ist ein „fliegendes Labor". Sie soll mindestens bis 2024 in Betrieb sein.

P Am 13. März 1781 entdeckte William Herschel den Planeten Uranus.

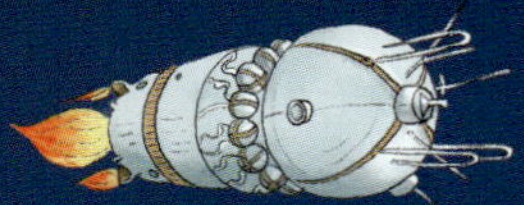

U Am 12. April 1961 flog der erste Mensch ins Weltall: Juri Gagarin.

N Am 20. November 1998 wurde das erste Modul der ISS in die Umlaufbahn geschossen.

I Am 6. August 2012 landete der Rover „Curiosity" auf dem Mars.

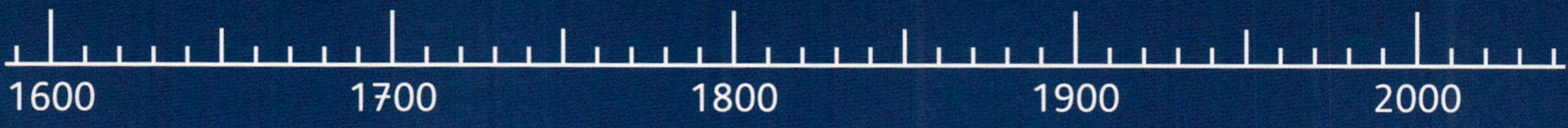

2 Mit dem Sojus-Raumschiff ins All

Das Sojus-Raumschiff bringt bis zu 3 Personen in die Erdumlaufbahn, z.B. zur internationalen Raumstation (ISS). Ein Sojus-Raumschiff startet an der Spitze einer Rakete. An der ISS angedockt, kann es ein halbes Jahr im All bleiben. Zur Landung tritt das Landemodul in die Erdatmosphäre ein. Schließlich kann es an Fallschirmen sicher auf festem Boden landen.

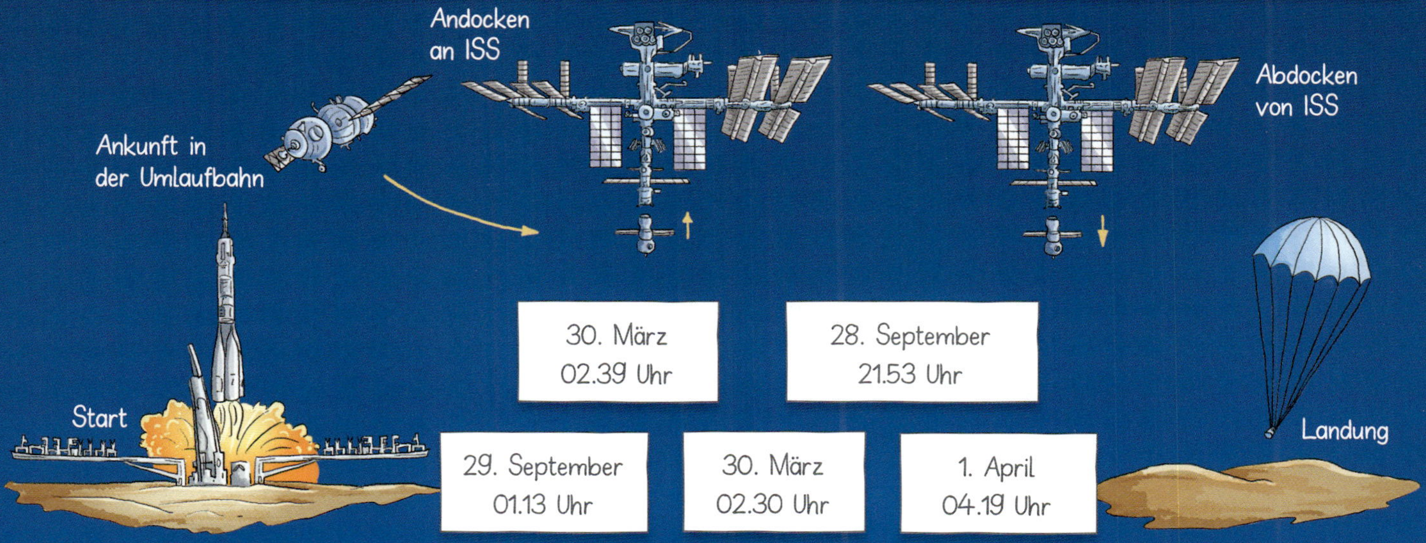

a) Ordne die Zeitpunkte dem Sojus-Flug zu:
b) Zeichne den Start des Raumschiffs bis zum Andocken als Pfeilbild:
c) Berechne die Gesamtflugdauer.

Start: 30. März 02.30 Uhr

AH 92 276–279

Liniennetz Zwickau

1

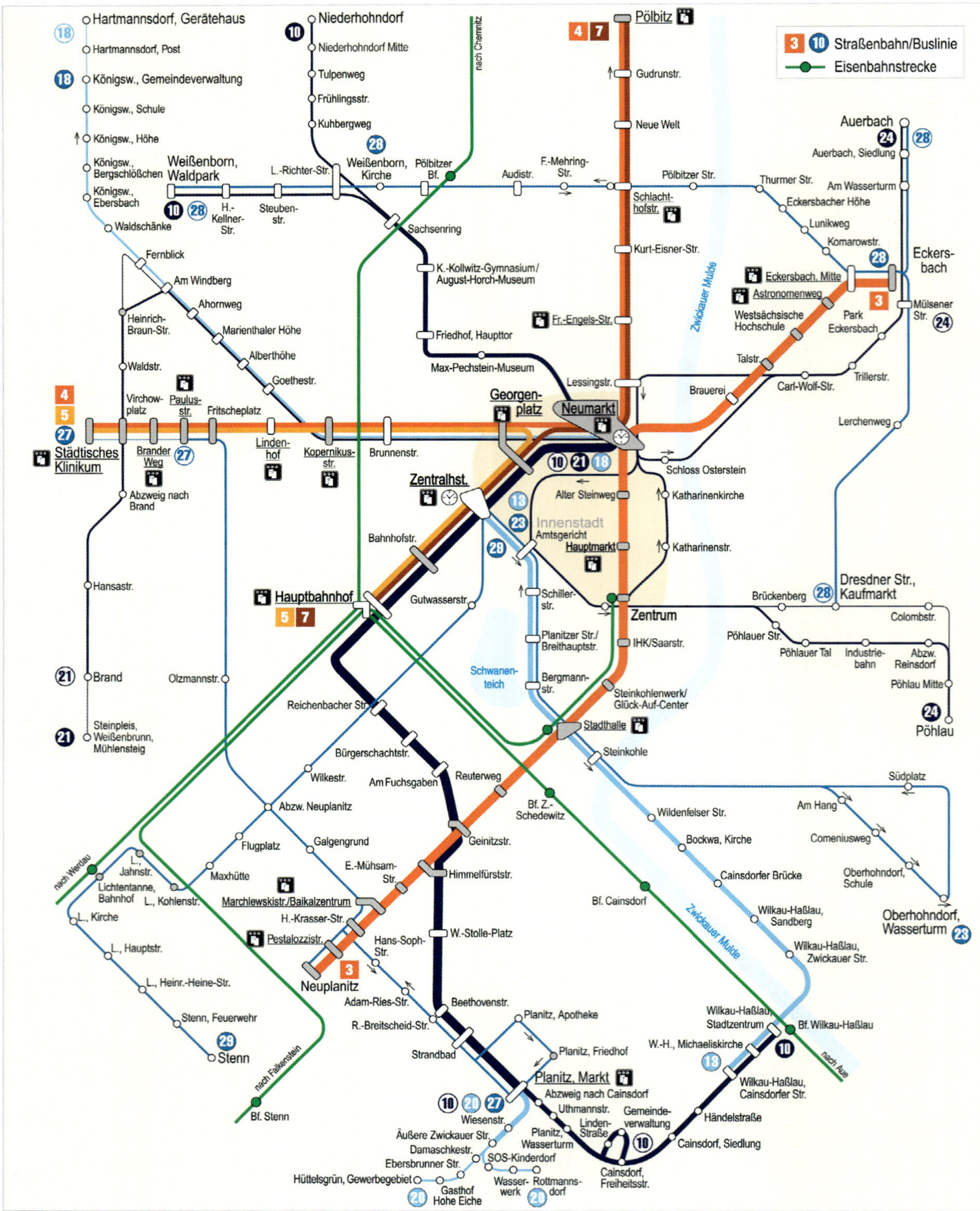

a) Was bedeuten die farbigen Linien? Woran erkennt ihr Haltestellen?

b) Zeigt die Innenstadt, die Zwickauer Mulde, den Hauptbahnhof, den Neumarkt, die Stadthalle, das Städtische Klinikum, die Zentralhaltestelle.

c) Wie viele Straßenbahnlinien gibt es in Zwickau? Schreibt ihre Nummern auf und die Endhaltestellen, zwischen denen sie hin und her fahren.

d) Mit welcher Straßenbahnlinie kommt ihr ohne umzusteigen vom Georgenplatz zur Haltestelle Neue Welt (zur Bahnhofstraße, zum Virchowplatz)?

e) Findet 5 Haltestellen, an denen ihr von einer Straßenbahnlinie in eine andere Linie umsteigen könnt.

1 Das sind Ausschnitte aus Fahrplänen von Zwickauer Straßenbahnlinien.

Linie 4 Richtung Pölbitz
Haltestelle: Virchowplatz

MONTAG bis FREITAG					
Stunden	Minuten				
5	16	29	43		
6 bis 16	03	23	43		
17	06	14	29	44	59
18	14	29	44	59	
19	14	29	44	59	
20	06	16	29	59	

Virchowplatz – Fahrzeit 15 min – Neumarkt

Linie 4 Richtung Städtisches Klinikum
Haltestelle: Neumarkt

MONTAG bis FREITAG				
Stunden	Minuten			
6	02	42		
7 bis 16	02	22	42	
17	02	15	30	45
18 bis 19	00	15	30	45
20	00	15	45	
21	15	45		

Linie 3 Richtung Neuplanitz
Haltestelle: Neumarkt

MONTAG bis FREITAG						
Stunden	Minuten					
5	15	25	35	45	55	
6 bis 16	05	15	25	35	45	55
17	05	15	30	45		
18	00	15	30	45		
19	00	15	30	45		
20	00	15	45			

Neumarkt – Fahrzeit 8 min – Stadthalle

Linie 3 Richtung Eckersbach
Haltestelle: Stadthalle

MONTAG bis FREITAG						
Stunden	Minuten					
6 bis 15	07	17	27	37	47	57
16	07	17	27	37	52	
17	04	11	19	34	41	49
18 bis 19	04	19	34	49		
20	04	18	34			
21	04	34				

a) Zeigt die angegebenen Straßenbahnlinien und Haltestellen auf dem Liniennetzplan.
b) Welche Informationen könnt ihr den Fahrplänen entnehmen? Erklärt.
c) Wann könnt ihr zwischen 17 und 18 Uhr vom Virchowplatz zum Neumarkt fahren? Schreibt die Abfahrts- und die Ankunftszeiten auf.
d) Wann könnt ihr zwischen 20 und 21 Uhr von der Stadthalle zum Neumarkt fahren?

2 Familie Lustig hat Karten für eine Veranstaltung am Freitag in der Stadthalle gekauft. Um 17.50 Uhr wollen sie spätestens dort sein. Das ist ihr Wegeplan von zu Hause aus:

- 12 Minuten laufen bis zum Virchowplatz
- bis zum Neumarkt fahren
- mit der nächsten Bahn zur Stadthalle
- 5 Minuten bis zum Eingang laufen

a) Mit welchen Bahnen könnte Familie Lustig fahren?
b) Wann müssen sie spätestens los, um pünktlich an der Stadthalle zu sein?
c) Die Veranstaltung endet 20.35 Uhr. Wann ist Familie Lustig frühestens zu Hause?

1 Die Schüler der Grundschule am See erforschen die Lieblingsbeschäftigung der Kinder:

	Kinder	gerundet
Spielen	38	40
Sport	32	30
Lesen	27	30
Fernsehen	20	20
Computer	34	30
Sonstige	9	10
gesamt	156	160

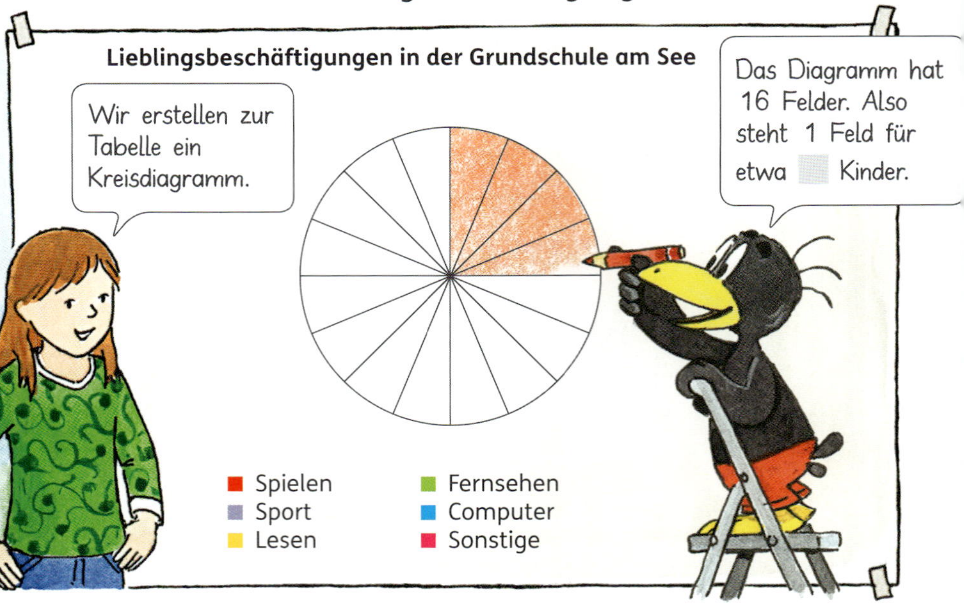

Erkläre das Kreisdiagramm. Übertrage es in dein Heft und vervollständige es.

2 Auch in anderen Grundschulen wurden Umfragen zur Lieblingsbeschäftigung durchgeführt.

Berg-Grundschule:

	Kinder
Spielen	24
Sport	33
Lesen	37
Fernsehen	14
Computer	8
Sonstige	7

Löwenzahn-Grundschule:

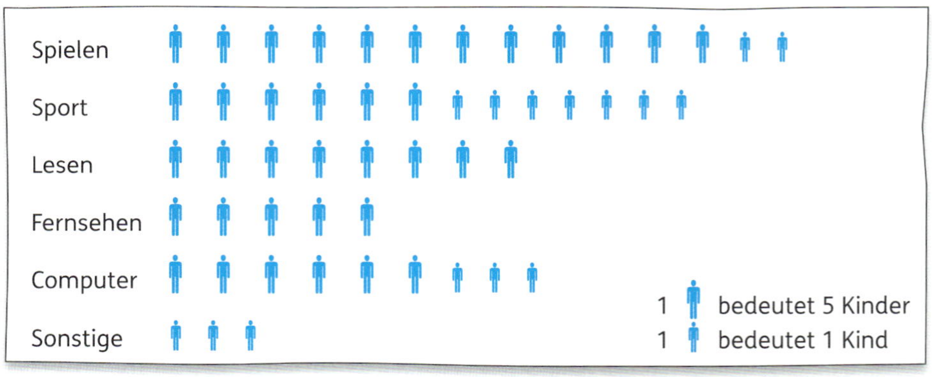

a) Erstelle für jede Schule eine Tabelle zu den Lieblingsbeschäftigungen wie bei Aufgabe 1. Runde die Angaben auf Zehner.
b) Erstelle für die Lieblingsbeschäftigungen der beiden Schulen jeweils ein Kreisdiagramm. Überlege zuerst, wie viele Felder dein Kreisdiagramm haben muss.
c) Führe mit deiner Klasse an deiner Schule so eine Umfrage durch und erstelle dazu ein Kreisdiagramm.

3 Beantworte die Fragen zum Kreisdiagramm. Eine Frage kann man nicht beantworten.

a) Haben mehr Mädchen oder mehr Jungen eine Ehrenurkunde erhalten?
b) Gibt es an der Schule mehr Mädchen oder mehr Jungen?
c) Wie viele Siegerurkunden gab es?
d) Erhielt mehr als die Hälfte der Kinder an der Schule eine Urkunde?

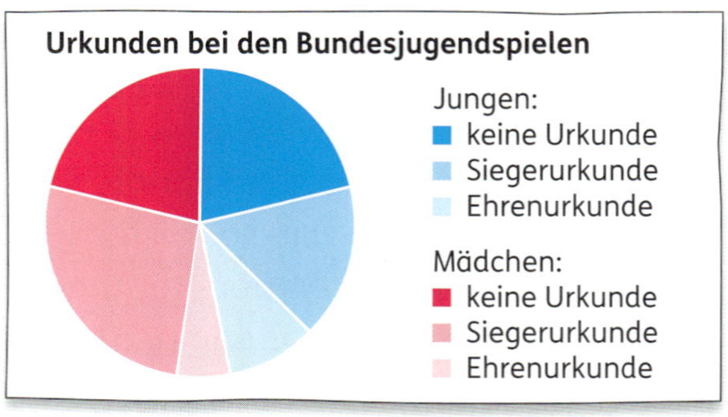

KV nutzen.

AH 93 KV 76–78

1 Deutschland und seine Nachbarländer:

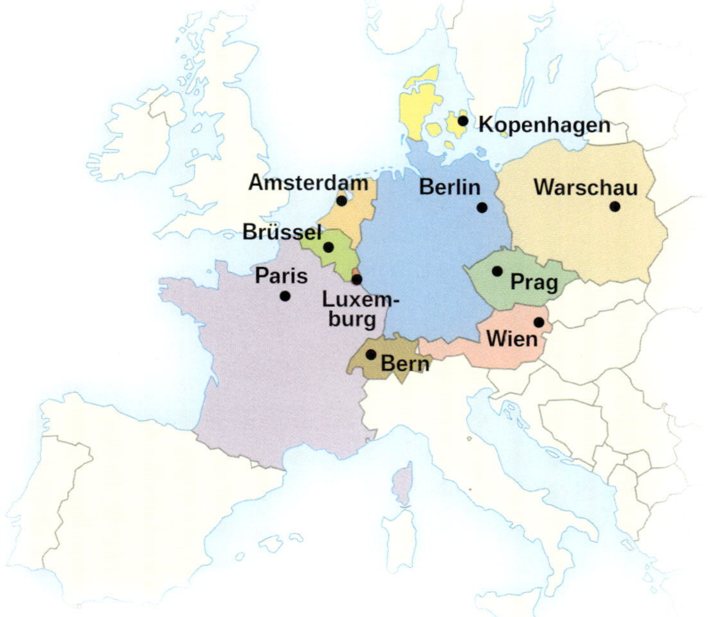

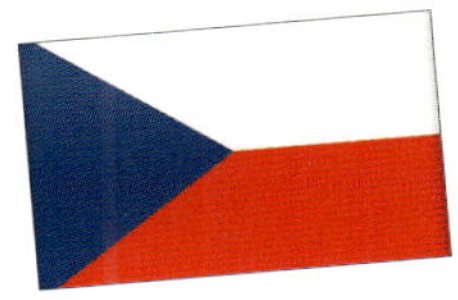

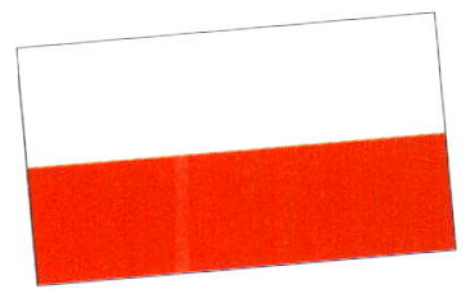

Name	Fläche in km²	Einw. in Mio.	Hauptstadt	Währung
Deutschland	357 114	82	Berlin	Euro
Belgien	30 518	10	Brüssel	Euro
Dänemark	43 093	5	Kopenhagen	Dänische Krone
Frankreich	547 026	61	Paris	Euro
Luxemburg	2 586	0,5	Luxemburg	Euro
Niederlande	41 864	16	Amsterdam	Euro
Österreich	83 870	9	Wien	Euro
Polen	312 684	39	Warschau	Złoty
Schweiz	41 290	7	Bern	Schweizer Franken
Tschechien	78 864	10	Prag	Tschechische Krone

a) Welche Informationen könnt ihr aus der Tabelle entnehmen?
b) Welche Flagge gehört zu welchem Land? Nutzt auch andere Medien.
c) Welche Farbe haben die einzelnen Länder in der Karte? Orientiere dich an den Hauptstädten.
d) Schreibe die Länder nach der Größe ihrer Fläche auf. Beginne mit dem größten Land.
e) Schreibe die Länder nach der Anzahl der Einwohner geordnet auf. Beginne mit den meisten Einwohnern. Vergleiche mit d). Was stellst du fest?

2 a) Erstellt zu den Ländern aus der Tabelle von Aufgabe 1 Steckbriefe.

b) Findet noch zu anderen Ländern die benötigten Angaben heraus und erstellt auch für diese Länder Steckbriefe.

2 KV nutzen.

Alte Münzen

1 In der Zeit, als der Rechenmeister Adam Ries lebte, wurde mit Gulden, Groschen und Pfennigen bezahlt.

2 a) Hans wechselt auf dem Markt einen Gulden. Er bekommt dafür 13 Groschen 84 Pfennig. Kann das stimmen?

b) Ein Viehhändler verlangt für ein Schwein 2 Gulden 4 Groschen und für eine Ziege 8 Groschen. Er verkauft 6 Schweine und 5 Ziegen. Berechne die Einnahmen des Viehhändlers.

3 a) Ein Händler verkauft an einem Markttag Stoffballen. Ein Ballen kostet 395 Pfennige. Wie viele Stoffballen kann man mit 8 Gulden höchstens kaufen?

b) Ein Kaufmann geht mit 6 Gulden 15 Groschen 9 Pfennig im Geldbeutel zum Markt. Er kauft Schuhe für 1 Gulden 16 Groschen und eine Jacke für 18 Groschen 5 Pfennig. Wie viel Geld hat er noch übrig?

4

a) Ein Bauer will 30 Ochsen kaufen. Für einen Ochsen soll er 3 Gulden 18 Groschen bezahlen. Für je 10 Ochsen bekommt er vom Händler einen Ochsen geschenkt. Berechne den Preis, den der Bauer zu bezahlen hat.

b) 3 Brüder haben auf dem Markt Obst und Gemüse verkauft. Albert hat 18 Groschen 7 Pfennig, Bruno hat 3 Gulden 19 Groschen 11 Pfennig und Caspar hat 4 Gulden 13 Groschen eingenommen. Sie wollen das Geld so verteilen, dass jeder Bruder die gleiche Summe erhält.

1

Elle

1 Elle = 56,6 cm (Dresden)
1 Elle = 63,7 cm (Plauen)
1 Elle = 57,4 cm (Zwickau)
1 Elle = 66,7 cm (Berlin)
1 Elle = 79,9 cm (München)

Meile

1 römische Meile = 1 479 m
1 Landmeile = 7 532 m
1 sächsische Meile = 9 062 m
1 Postmeile = 7 500 m
1 englische Meile = 1 609 m

2

Wenn sie nun die Stimme der Zauberin vernahm, so band sie ihre Zöpfe los, wickelte sie oben um einen Fensterhaken, und dann fielen die Haare zwanzig Ellen tief hinunter, und die Zauberin stieg daran hinauf.

a) Wer hat so lange Haare, fein wie Gold?
b) Wie lang ist ihr Haar etwa? Rechne mit verschiedenen Ellenmaßen und vergleiche.
c) Wie lang wäre das Haar, wenn du mit deiner Ellenlänge rechnest?

3

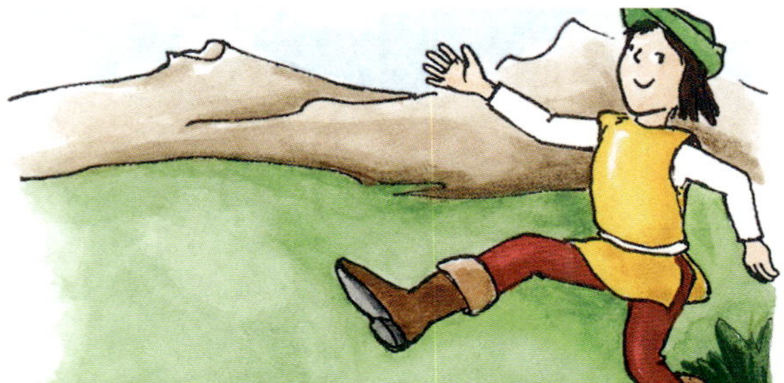

Jetzt zog er die Siebenmeilenstiefel an, die er hatte, das waren Stiefel, wenn man damit sieben Schritte tat, so war man eine Meile gegangen, ...

a) Wie heißt der kleine Mann?
b) Wie viele Meter lang ist ein Schritt? Berechne die kleinste (größte) Schrittlänge.
c) Wie viele Schritte brauchst du für eine Meile?

4

Pfund
1 Pfund = 457 g (Dresden)
1 Pfund = 406 g (Zwickau)
1 Pfund = 561 g (München)
1 Pfund = 500 g (seit 1858)
1 Pfund = 32 Lot

Er besah die Töpfe alle, hielt die Nase dran und sagte endlich: „Das Mus scheint mir gut, wieg sie mir doch vier Lot ab, liebe Frau, wenn's auch ein Viertelpfund ist, kommt es mir nicht darauf an."

a) Wen macht das Mus ganz tapfer?
b) Wie viel Gramm Mus kauft er der alten Frau ungefähr ab?

5

Vom Lindwurm
Unten an der schönen Linden
war gar ein kleiner Wurm zu finden.
Der kroch hinauf mit aller Macht,
acht Ellen richtig bei der Nacht,
und alle Tage kroch er wieder
vier Ellen dran hernieder.
Zwölf Nächte trieb er dieses Spiel,
bis dass er von der Spitze fiel
am Morgen in die Pfütze
und kühlt sich ab von seiner Hitze.
Mein Schüler, sage ohne Scheu,
wie hoch dieselbe Linde sei.

Aus einem Rechenbuch
von Adam Ries

1

Victor Vasarely: Untitled 3

Diese Bild ist vom ungarischen Künstler Victor Vasarely.

a) Betrachte das Bild und beschreibe es.

b) Dieses Kunstwerk ist eine optische Täuschung.

Was ist das Besondere daran?

Sieh dir dazu das Bild von verschiedenen Seiten an.

2 Stelle selbst so ein Würfelgebäude für eine optische Täuschung her.

a) Zeichne das Gebäude auf Punktepapier.

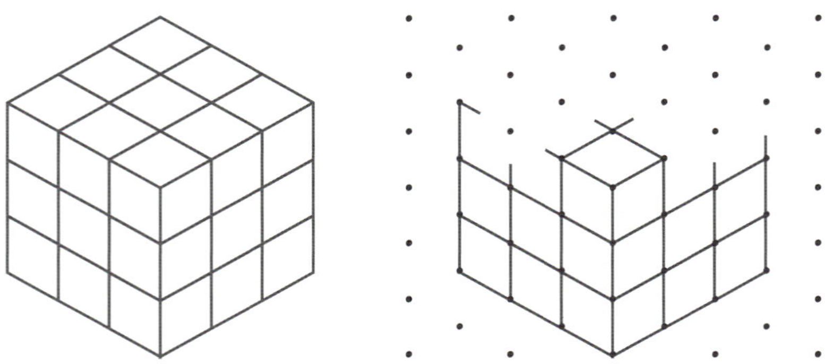

b) Färbe die Seitenflächen deines Gebäudes. Gehe so vor:

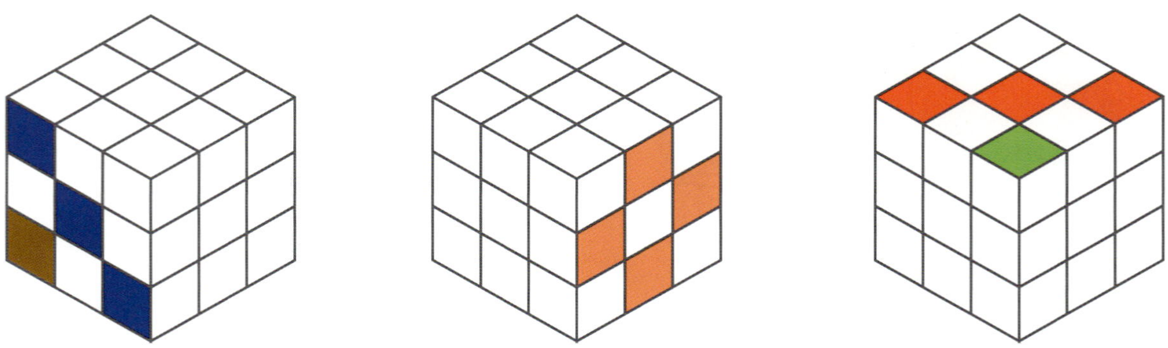

Färbe die linke Fläche mit 4 dunklen Farben.

Färbe die rechte Fläche mit 4 hellen Farben.

Färbe die obere Fläche mit 4 etwas dunkleren Farben.

c) Schneidet eure Gebäude aus. Legt sie zu optischen Täuschungen zusammen. Klebt sie auf.

2 Färben der Würfel analog der Würfel im Bild von Vasarely.
KV nutzen.

1

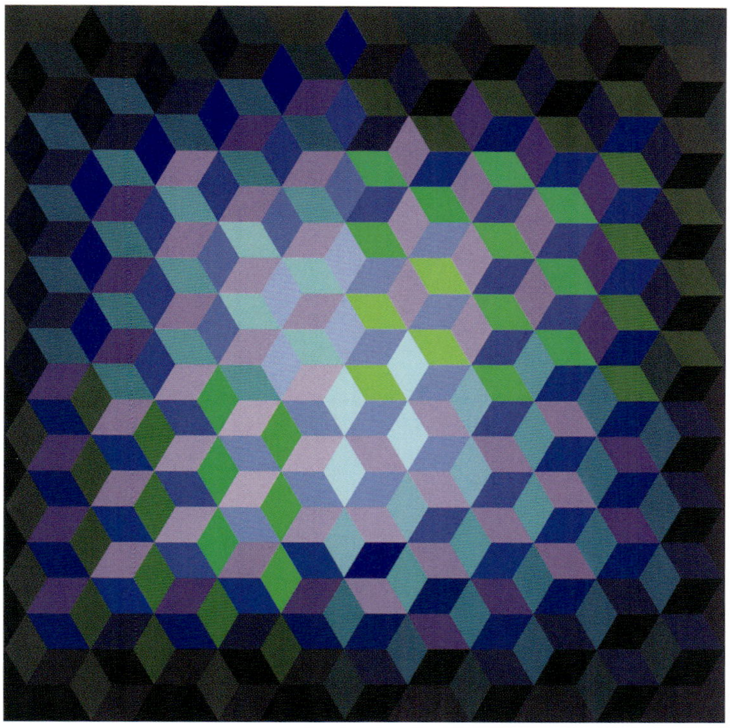
Victor Vasarely: ION 11, 1967/1969

Dieses Bild hat auch der Künstler Victor Vasarely gestaltet.

a) Betrachte das Bild von verschiedenen Seiten und beschreibe es.

b) Welche geometrische Form und welchen geometrischen Körper hat Vasarely verwendet?

c) Sieh dir das Bild von verschiedenen Seiten an. Was fällt dir auf?

2 Gestalte selbst Bilder aus Würfeln.
Zeichne auf Punktepapier und setze fort. Gestalte das Bild farbig.

a)

b)

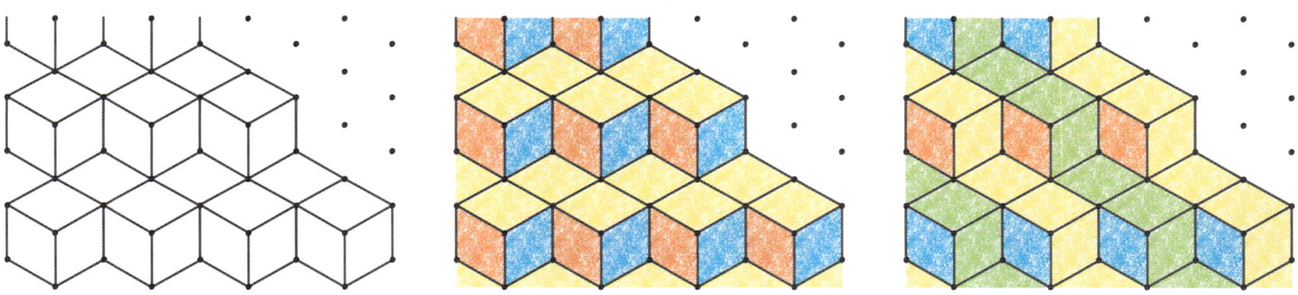

2 KV nutzen.

Projekt anregen
Große Flugzeuge

BOEING 787-8

Hersteller:	Boeing
Plätze	
First Class:	16
Business Class:	44
Economy Class:	182
Länge:	56,69 m
Spannweite:	60,17 m
Höhe:	17,00 m
Tankgröße:	126 930 l
Reichweite:	14 530 km
Reisegeschwindigkeit:	903 km/h
Erstflug:	2009

BOEING 747-8

76,30 m lang
19,40 m hoch
68,40 m Spannweite

Nutzlast
76,7 t

Tankvolumen
242 470 l

Reichweit
14 815 km

Reisegeschwindigkeit
920 km/h

Erstflug 2011

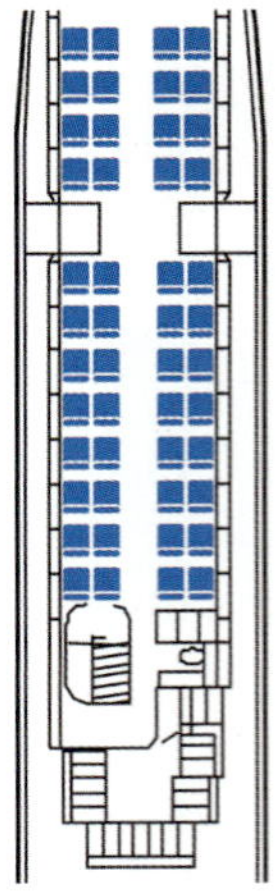

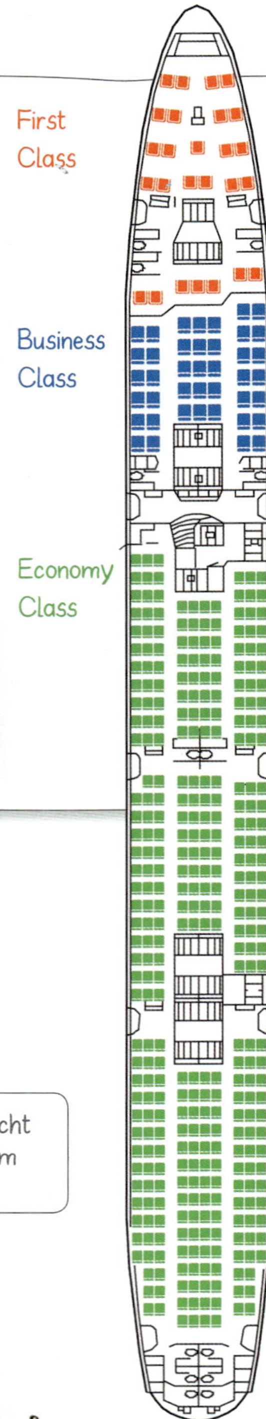

1 Erstelle eine Tabelle und vervollständige sie.
Nimm dein Heft dazu quer.

Flugzeugtyp	Länge	Spannweite	Nutzlast
B787-8	56,69 m	60,17 m	unbekannt
B747-8			

2 Überlegt, ob man die Flugzeuge auf dem Schulhof eurer Schule oder auf einem Fußballfeld parken könnte.

3 Überprüfe, ob alle Kinder deiner Schule in einem der Flugzeuge Platz hätten. Überschlage.

4 Vergleiche die Höhe der Flugzeuge mit der Höhe deiner Schule und anderen hohen Gebäuden in der Umgebung.

5 Der Tank eines Kleinwagens fasst ungefähr 50 l Benzin. Wie viele Autotankfüllungen passen in die Tanks der Flugzeuge?

AIRBUS 320neo

2 014
Erstflug

Plätze
12 Business
138 Economy

6 850 km
Reichweite

26 730 l
Tankvolumen

830 km / h
Reisegeschwindigkeit

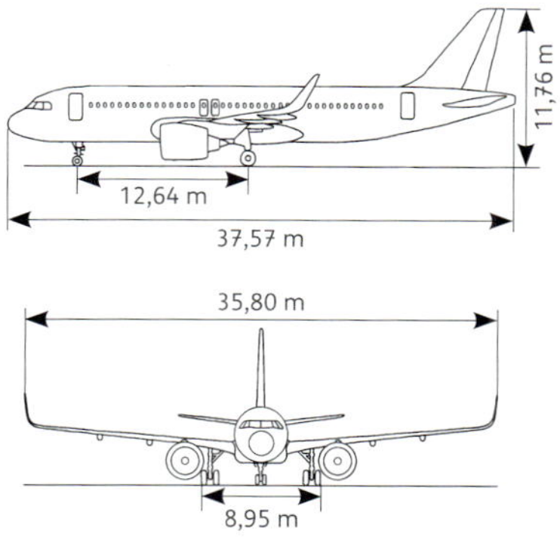

Der A380−800

Das Doppeldeck−Großraumflugzeug von Airbus hob im Jahr 2 005 zum ersten Mal ab. Es verfügt insgesamt über 555 Plätze (22 First, 96 Business, 437 Economy). Mit einer Länge von 72,72 m, einer Höhe von 24,09 m und einer Spannweite von 79,75 m passt die Maschine an den Flughäfen gerade noch auf die üblichen 80 x 80 m Stellplätze. Bei einer Reisegeschwindigkeit von 917 km / h beträgt die Reichweite 15 200 km. Dies wird durch das große Tankvolumen von 320 000 l ermöglicht. Dabei können Nutzlasten von bis zu 66,4 t befördert werden.

6 a) Überprüfe die Aussagen.

„Die A380−800 hob 6 Jahre vor der B747−8 zum ersten Mal vom Boden ab."

„Kein Flugzeug kann ohne Zwischenstopp von Frankfurt nach Sydney fliegen."

„Eine A380−800 kann mit einer Tankfüllung mehr als doppelt soweit fliegen wie eine A320neo."

„In der Economy Class einer B787−8 haben ungefähr 4−mal mehr Passagiere Platz als in der Business Class."

b) Triff weitere Aussagen und lass sie von deinem Partner überprüfen. Nutze deine Übersichtstabelle.

7 a) Wie weit können die Flugzeuge bei Reisegeschwindigkeit in 2 h (4 h, 6 h, ... 14 h) fliegen? Erstelle dazu eine Tabelle.

	B787-8	B747-8
2 h	1 806 km	
4 h	3 612 km	

b) Ermittle mit der Karte Strecken, die sie in dieser Zeit zurücklegen können.

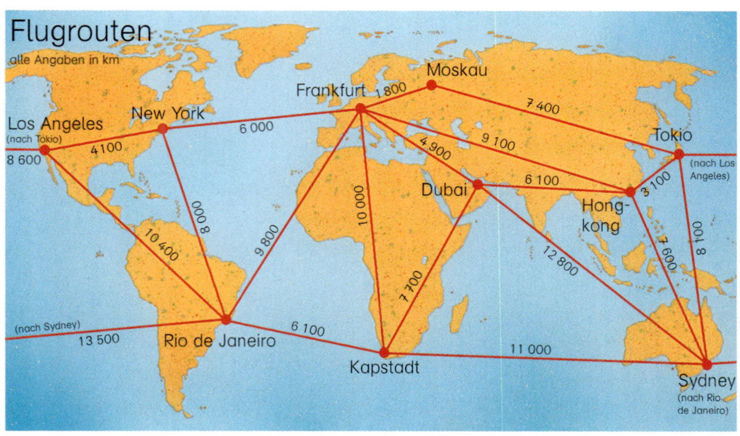

8 Eine Boeing 787-8 fliegt von Frankfurt nach Hongkong.

a) Überschlage, wie lange die Maschine ungefähr braucht.

b) Ein Auto fährt durchschnittlich 100 km in einer Stunde. Wie lange würde ein Auto ungefähr für dieselbe Strecke benötigen, wenn es eine direkte Straßenverbindung gäbe?

1 Zeichne die Figuren in dein Heft und ergänze die Spiegelbilder. Kontrolliere mit dem Spiegel.

118

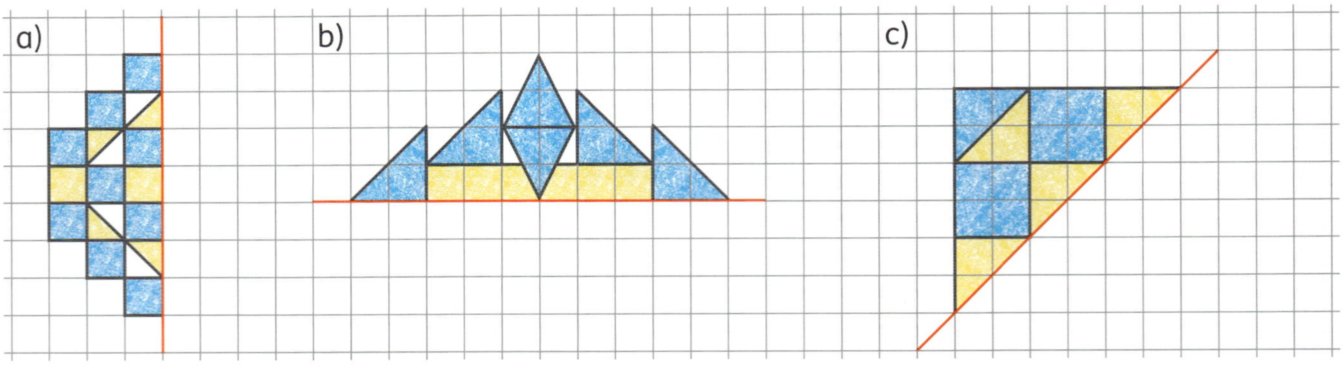

2 Sonnenaufgang und Sonnenuntergang für Berlin 2016:

122
123

Datum	Sonnenaufgang	Sonnenuntergang
15. Januar	08:15	16:17
15. Februar	07:28	17:15
15. März	06:24	18:08
15. April	06:12 *	20:03 *
15. Mai	05:14 *	20:53 *
15. Juni	04:48 *	21:27 *
15. Juli	05:07 *	21:18 *
15. August	05:54 *	20:28 *
15. September	06:45 *	19:18 *
15. Oktober	07:36 *	18:08 *
15. November	07:33	16:09
15. Dezember	08:16	15:48

* Sommerzeit

a) Wähle 6 Monate aus. Berechne jeweils die Sonnenscheindauer.
b) In welchem Monat ist die kürzeste Nacht und in welchem Monat ist die Nacht am längsten?
c) An welchen Tagen ist es ungefähr genauso lange hell wie dunkel?

3 144 Kinder der Regenbogen-Grundschule besitzen ein Haustier. In einer Umfrage haben Schüler ermittelt, wie viele Kinder welches Haustier zu Hause haben.

126

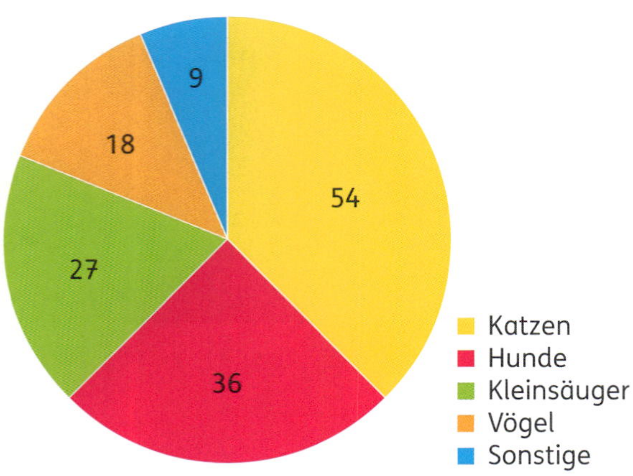

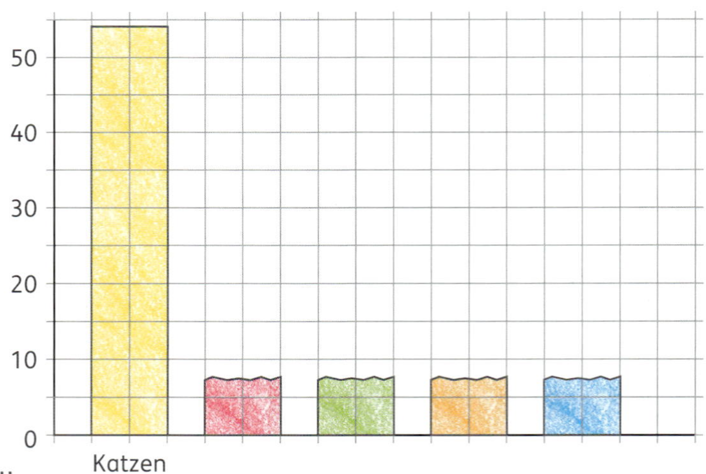

a) Erstelle für das Kreisdiagramm eine Tabelle.
b) Übertrage das Kreisdiagramm in ein Säulendiagramm.

1

25

Stadt/Stadion	Verein	Plätze
Stuttgart Mercedes-Benz-Arena	VfB Stuttgart	60 449
Sinsheim Rhein-Neckar-Arena	TSG Hoffenheim	30 150
Karlsruhe Wildparkstadion	Karlsruher SC	28 762
München Allianz Arena	FC Bayern München	71 137
Dortmund Signal Iduna Park	Borussia Dortmund	81 359
Hamburg Volksparkstadion	Hamburger SV	57 439
Augsburg WWK Arena	FC Augsburg	30 660
Gelsenkirchen Veltins-Arena	FC Schalke 04	62 271

a) Ordne die Stadien nach ihrer Größe.
b) Trage die Zahlen in eine Stellenwerttafel ein.
c) Schreibe zu jeder Zahl die Nachbarzehner und die Nachbarhunderter auf.
d) Runde jede Zahl auf Tausender.
e) Welches Stadion passt zu welchen Zahlen?

A

E	T	Z	H	ZT
1	2	7	2	6

B

H	Z	ZT
6	6	3

C

Z	E	T	ZT	H
3	7	1	7	1

D

Z	H	ZT
5	1	3

2 Rechne schriftlich.

68

Q

a) 5 789 + 3 463 18
6 724 + 2 481 16
9 483 + 5 148 15
7 053 + 4 865 20
8 706 + 6 817 16

b) 41 593 − 5 782 18
34 716 − 6 827 34
77 829 − 2 489 19
81 492 − 1 687 29
90 806 − 7 067 30

c) 62 300 + 23 184 + 57 691 21
38 004 − 16 668 − 19 039 20
58 012 − 37 573 − 8 404 15
74 988 + 5 107 + 24 958 14
20 403 − 9 095 − 10 207 3

3

85
122
123

a) Lege eine Tabelle an.
Wie viele Kilometer fährt der LKW ungefähr in:

1 Jahr,
$\frac{1}{2}$ Jahr,
$\frac{1}{4}$ Jahr,
1 Monat,
2 Wochen,
1 Woche (Mo–Sa),
1 Tag?

b) Wie viel Schokolade kann der Schoko-Express höchstens zuladen?
c) Ordne die Pakete auf den Paletten nach ihrem Gewicht. Beginne mit dem leichtesten.

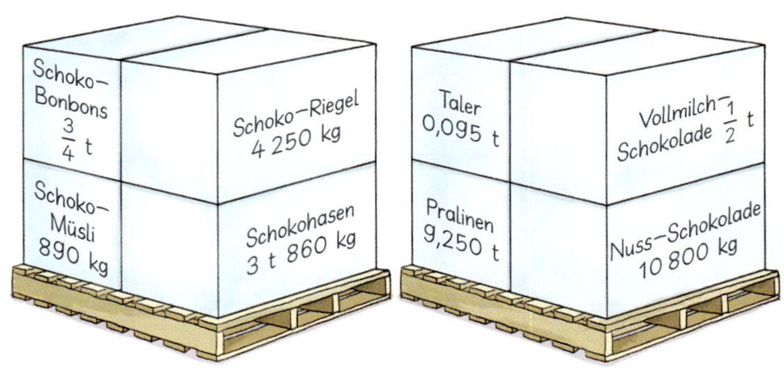

Zahlen

Zahlen bis 1 000 000

M	HT	ZT	T	H	Z	E
1	9	4	3	8	2	6

1M + 9HT + 4ZT + 3T + 8H + 2Z + 6E = 1 943 826

1 000 000 + 900 000 + 40 000 + 3 000 + 800 + 20 + 6 = 1 943 826

eine Million neunhundertdreiundvierzigtausend|achthundertsechsundzwanzig

Rechnen

addieren

```
  858726
+  71849
--------
  930575
```

subtrahieren

```
  858726
-  37503
--------
  821223
```

dividieren

```
7236 : 4 = 1809
-4
 32
-32
  03
 - 0
   36
  -36
    0
```

multiplizieren

```
673 · 76
 4711
  4038
------
 51148
```

Größen

Länge	Gewicht	Rauminhalt
1 km = 1 000 m	1 t = 1 000 kg	1 l = 1 000 ml
$\frac{1}{4}$ km = 250 m	$\frac{1}{4}$ t = 250 kg	$\frac{1}{4}$ l = 250 ml
$\frac{1}{2}$ km = 500 m	$\frac{1}{2}$ t = 500 kg	$\frac{1}{2}$ l = 500 ml
$\frac{3}{4}$ km = 750 m	$\frac{3}{4}$ t = 750 kg	$\frac{3}{4}$ l = 750 ml
5,250 km = 5 km 250 m	3,750 t = 3 t 750 kg	8,125 l = 8 l 125 ml

Geometrie

Flächeninhalt
Anzahl der Zentimeterquadrate

Umfang
Länge des Randes

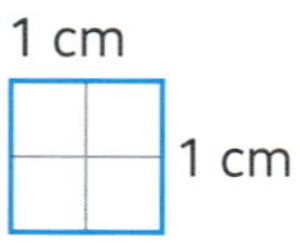

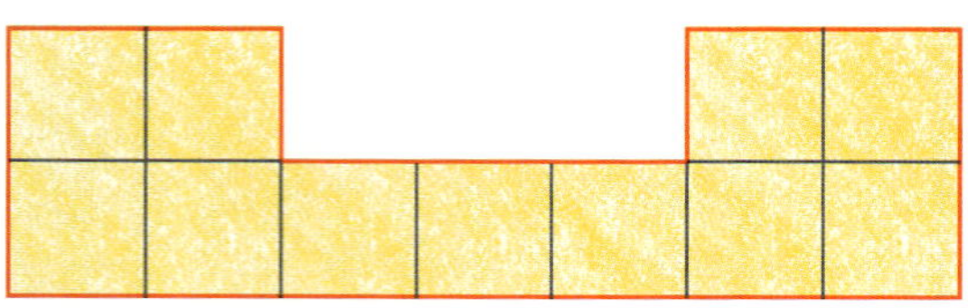

Flächeninhalt:
11 Zentimeterquadrate

Umfang:
20 cm

Trapez

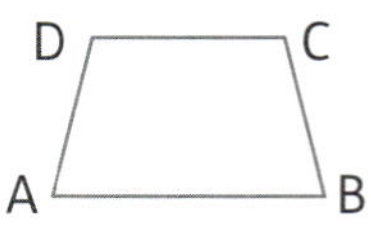

Viereck, mindestens 2 Seiten parallel zueinander

Vierecksarten

Viereck	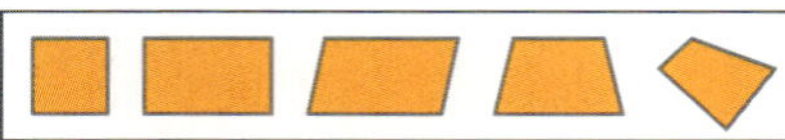
Trapez	
Parallelogramm	
Rechteck	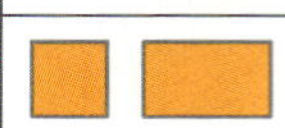
Quadrat	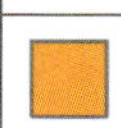